中国百年灾害回眸丛书

天降奇祸

夏明方　康沛竹　主编

中国社会出版社
国家一级出版社　全国百佳图书出版单位

图书在版编目（CIP）数据

天降奇祸 / 夏明方，康沛竹主编. -- 北京：中国社会出版社，2014.12

（中国百年灾害回眸）

ISBN 978-7-5087-4894-8

Ⅰ. ①天…　Ⅱ. ①夏…　②康…　Ⅲ. ①灾害 – 历史 – 中国 –1910~1931　Ⅳ. ① X4-092

中国版本图书馆 CIP 数据核字（2014）第 272659 号

丛 书 名：中国百年灾害回眸

书　　名：天降奇祸

主　　编：夏明方　康沛竹

出 版 人：浦善新

终 审 人：张铁纲

责任编辑：杨春岩　陈贵红　　　责任校对：路　广

出版发行：中国社会出版社　　　邮政编码：100032

通联方法：北京市西城区二龙路甲33号

电　　话：编辑部：（010）58124828

　　　　　邮购部：（010）58124845

　　　　　销售部：（010）58124829

　　　　　传　真：（010）58124870

网　　址：www.shcbs.com.cn

经　　销：各地新华书店

印刷装订：中国电影出版社印刷厂

开　　本：145mm × 210mm　1/32

印　　张：5.25

字　　数：80千字

版　　次：2015年1月第1版

印　　次：2015年1月第1次印刷

定　　价：15.00元

目录
Contents

一　辛亥风潮

——1910～1911 年长江大水灾

在中国历史上，似乎存在着这么一个怪圈：大抵在每个王朝的末世，总会出现大规模的自然灾害以及与之相伴随的饥荒和瘟疫，由此引发的饥民起义和社会动荡往往成为这个王朝的天命终结者。

中国最后一个封建王朝——清王朝在 20 世纪初的覆灭，与此前任何一个朝代都有本质的不同，由灾害、饥荒促成的社会冲突和社会动荡，在改朝换代的舞台上显然已不再充当历史的主角。虽然如此，灾荒与辛亥革命之间的密切关联毕竟是不容置疑的事实。而且值得注意的是，这一次发生的作为辛亥革命直接诱因之一的自然灾害，既不是黄河为患，也不是北方的大旱灾，而是长江水灾，是辛亥革命前夕长江流域连续数年出现的严重水灾。这实际上也意味着一个新的灾害时期的到来。

患在长江

众所周知，自从长江流域逐步取代黄河流域而成为中国封建社会的经济中心后，中国的区域政治格局愈发显示出惊人的南北差异，经济上绝对富庶和政治上相对平静的长江流域与经济上一蹶不振和政治上动乱不已的黄河流域，在唐宋以后相当长的历史时期里始终形成鲜明的对照。每一个新崛起的王朝统治者都把夺取、控守和开发江南视为存亡攸关的最基本的国策，并依靠暴戾无度的隋炀帝下令开凿的大运河源源不断地“吸纳肥沃的长江流域的资源”。从这一意义上来说，江南的富庶不仅为本区域的政治系统提供了稳定可靠的支持，而且也成为后半期中国历代封建王朝的统治周期不断拉长的重要基础。

时过境迁，历史终于在清代让享尽江南之利的封建统治者尝到了来自长江流域的苦果。这一结果并不奇怪。因为长江流域的富庶是建立在长江流域的经济大开发的基础上的，而这种经济开发又是一柄双刃剑。它在给开发者带来无尽利源的同时，也在不知不觉之中给整个生态环境带来了愈益巨大的破坏。有清以来，在经济繁荣中人口急剧地增长使人、地之间的矛盾更加突出，因而不得不开发一切可以利用的土地。于是，从长江上游到下游，大量丘陵与低地被开发出来，就连湖泊湿地也被围垦，保持水土的植被被破坏，原来用于泄洪的天然渠道被堵塞，创造了富庶的长江要索回它的损失，其结果便是连绵不断的长江水灾。

事实上，在历代王朝中，还没有哪一个比清王朝更加注重江南地区的水利建设了，但官民的努力终究阻遏不住生态环境全面恶化之逆流。大约在嘉道年间，亦即大清王朝由盛而衰的转折之际，长江流域亦“告灾不辍，大湖南北，漂田舍，浸城市，请赈缓征无虚岁”，短短数十年间，长江即从“历代以来有河患无江患”一变而为“几与河防同患”。

历史进入 20 世纪，有关长江流域水灾的记录依然不绝于书。

天之祸

1906 年，也就是辛亥革命前六年，湖北、湖南、安徽、江西、江苏、浙江等长江中下游地区，几乎无一例外地遭到洪水灾害的袭击。湖南省则发生了“二百余年所未有”的水灾。从2月到5月，连续三四个月的大雨使长江、湘江同时暴涨，衡州、永州、常德、长沙四府积水横决，沿岸纵横上下数百里间，汪洋一片，长沙一带淹死不下3万人，数十万灾民冻馁交侵，四乡乞食。安徽的灾情也很严重，尤其是皖北的凤阳、颍州、泗州等地，山洪暴发，平地水深数尺，“上下千余里，尽成泽国”。由于长江上游湘、汉之水建瓴下注，8月间又淫雨为灾，江苏全省八府一州共61个州县低处田庐悉遭淹没，各处灾民不下二三百万。

1909年，稍见平静的长江再一次澎湃了起来。大水冲溃湖北公安县长400余丈的护堤，江水直灌洞庭湖，濒临洞庭湖各县的围堤纷纷溃决，全省“非赈不能存活”的灾民多达百余万人。湖北的水灾则延袤六府一州，在武昌、汉口，水灌入城，部分街道积水数尺，居住在汉口后城外济生堂一带的万余家棚户，“既无地可以迁徙，又难以高搭水阁，惟有终日淹没水中，听天由命而已”。

但是灾难并没有就此结束。1910年，又一场严重水灾袭击了长江中下游地区。其中，湖北受灾28州县，江西14州县，浙江三四十州县。安徽省更是江淮并涨，南北皆水。在皖南，排山倒海似的洪水冲垮了宣城、南陵的城墙，连南陵通往宁国府的道路也被阻断。据驿卒说，平日里高约丈余的一凡桥，也只剩桥头在水面上了。在皖北，宿县、灵璧、怀远、蒙城、涡阳等几乎是全县受灾。当时帮助赈灾的传教士罗炳生在报告中写道：

> 此次皖北百姓，多言今年灾况为历史上所罕见，以今年夏秋之交之暴雨，实为历史记载中所罕见，故秋禾全数悉被淹没，核其面积约占7000英方里（18130平方公里）之广，人民被灾而无衣食者，约有200万。近数月来，死亡之惨，日甚一日。

据统计，安徽全境60个州县中有56个在洪水中挣扎。

湖南全省奇灾迭现。这年初夏以后，先是天寒地冻，继而暴雨狂风。当年6月1日的《大公报》报道说：

> 湘省自前月二十四日起，天气奇冷，与隆冬无异，是夜竟降冰雹。本月初四、五两日夜，雷电大雨，继以暴风，初六清晨水结成冰，田园蔬果，概被损伤。刻下河水陡涨三丈余，已至城

外，倘再阴雨，则城内则不免水灾矣。常德水势因朗江水势陡涨，下南门现已封闭，市面冷落异常。沅江、龙阳、湘阴各县属滨河而居者，此次天雨不止，河水陡至，屋宇概成泽国，牲畜器皿无一存者，死者至数百人。湘潭县连日狂风暴雨，继以冻雪，四乡秧苗均已打损十成之八，非再行下种不可。但夏令而有此朔风冻雪，真奇灾也。

1911年（宣统三年），又发生了面积更大、灾情更重的水灾，灾区几乎包括了沿江一带所有主要省份。

首先是湖北，于6、7月间风狂雨骤，襄水陡涨二丈余，一下子将上年坍溃后费时近半年才新筑成的大堤冲决130余丈，附近州县一片汪洋，人烟断绝。武昌临江的工厂，汉阳的兵工厂、铁厂、炮船厂以及汉口的租界等，都遭洪水淹没。

湖南自春至夏，雨多晴少，夏末又暴雨连朝，造成湖、江水势骤涨，水淹长沙、常德、岳州等府属地方，“灾区之广，为从来所未有”，最低处水深丈余，较高处水深亦六七尺不等。各地禾稼被淹，房屋倒塌，人畜漂流，损失惨重。

由于湘鄂洪水暴涨，沿江之水陡长一丈数尺，江西浔阳、九江一带田禾多被淹没。入夏后又连日淫雨，南昌、鄱阳等地平地水深数尺，街道行船；余干县境，水位高达二丈有余；抚州、瑞州等地低洼之田，禾稻被淹十之五六。

安徽因上年已是大灾之年，所以春荒极其严重，仅宿州一地，即有灾民27万余口。抵夏后，又大雨时行，江潮暴发，滨江沿河各属，村镇倾圮，庐舍漂荡。特别是长江之滨的无为州，上下九连各圩一片汪洋，水面高及树巅，村落庐舍尽在水中，无数灾民露饿待毙。皖北涡、蒙、灵、宿等县遭灾极重，往往数十里炊烟断绝。直至8月底，长江沿岸还发生了一场暴风雨，铜陵、庐州、宿松等10余州县不少圩地被冲塌，淹没农田总计不下170余万亩。

位于长江末端的江苏省，灾情与安徽不相上下，一方面江潮涌涨，一方面暴雨不绝，全省各地洪水泛滥。南京城内高处水深没胫，洼处过腹及胸，“行人绝迹，商店闭门停市，萧条景象，目不忍睹，间有小舟来往，装运行人以达干土”。

墙倒屋塌，田禾尽淹，牲畜财物漂流不知去向，无数人口葬身水底，更严重的是，成千上万无家可归、无衣无食的下层民众开始了四处流浪的生活。灾民所过之处，草根树皮皆尽，能吃的要吃，不能吃的也要吃，终于发生了“人相食”的惨剧。

张廷骧的《不复远斋见闻杂志》描画了一幅苏皖灾荒惨绝人寰的图景：

> 宣统三年春，江苏淮海及安徽凤颍等属，因屡被水灾，闾阎困苦，惨不忍闻。灾民以草根树皮为生活，周围数万方里，不闻鸡鸣犬吠之声，已半载于兹矣。自去秋至今，饥毙人数多时每日至五六千人；自秋徂春至二月底，江皖二十余州县灾民三百万人，已饿死者约七八十万人，奄奄待毙者约四五十万人。饿民至饥不能忍之际，酿成吃人肉之惨剧，数万之饥丐，寻觅倒卧路旁将死未气绝之人，拉至土坑内，刮其臂腿臀肉，上架泥锅，窃棺板为柴，杂以砻糠，群聚大嚼，日以为常。

即便是在长沙这样的大城市，那些流亡而来的灾民，境遇同样凄惨。他们往往横卧街巷，一任风吹雨淋，冻饿而死的，每天多达数十人。

官之厄

就洪水泛滥的程度而言，发生于辛亥前夕的长江洪灾，不论是强度还是规模，在长江水灾史上都不占有突出的位置，但是造成的人口损失却毫无疑问地属于近代以来最惨重的一次。造成如此严重后果的根本原因是什么？

早在19世纪末，中国革命的先行者孙中山先生就对当时灾荒的社会政治根源作了最鲜明而深刻的阐述。他在《中国的现在和未来》一文中指出：

> 中国所有一切的灾难只有一个原因，那就是普遍的又是有系统地贪污。这种贪污是产生饥荒、水灾、疫病的主要原因。

他进而强调说：

> 官吏贪污和疫病、粮食缺乏、洪水泛滥等自然灾害间的关系，可能不是明显的，但是它很实在，确有因果关系。这些事情绝不是中国的自然状况或气候性质的产物，也不是群众懒惰和无知的后果。坚持这说法，绝不过分。这些事情主要是官吏贪污的结果。

正如当代的一位著名的灾荒史专家所指出的，在孙中山以前，中国历史上还从没有哪一个人以如此敏锐的目光、如此深邃的思维和如此清晰的语言来分析和说明灾荒问题。而随后发生的长江水灾又为孙中山的这个说法提供了具体的例证。1910 年《民报》刊载《论革命之趋势》一文，揭露了江北及其他各地赈灾过程中某些封疆大吏贪赃枉法、草菅人命的黑幕：

> 江北巨灾，集赈款五百万，虏帅端方侵蚀 300 万，又虑饥民为变，遣军队弹压之，示以稍反侧则立尽，于是饥民皆枕藉就死，无敢有蠢动者。陕甘旱荒，至人相食，虏帅升允漠然不顾，十室九空，积尸成疫。

同盟会会员和南社发起人高旭，愤激之中挥毫写下了《甘肃大旱灾感赋》，其中的一首是这样的：

> 天灾厄于前，官复厄于后。
> 贪官与污吏，无地而蔑有。
> 歌舞太平年，粉饰相沿久。
> 匿灾更不报，谬冀功不朽。
> 一人果肥矣，其奈万家瘦！
> 官心狠豺狼，民命贱鸡狗。
> 屠之复戮之，逆来须顺受。

况当赈灾日，更复上下手。
中饱贮私囊，居功辞其咎。
甲则累累印，乙则若若绶。
回看饿殍余，亦曾一念否？

当然，清王朝也采取了一些行动，可是在政治危机经济凋敝、其自身亦如过江泥菩萨一样的时候，它又能做什么呢？在安徽，清王朝除宣布蠲缓宿州等34州县一年丁漕及应征漕银，豁免芜湖等县一年丁漕外，一共只拨了17万两赈银，可是仅修复圩堤就至少需要六七十万。而省内库空如洗，日常经费都不能如数筹发。淮远县放农赈，按灾民大小户口放赈粮种，大口之家得400文，小口之家得200文，所买种子仅够种一亩地。

在遭受重灾的湖南，当大批饥民衣食无着的时候，不仅依然有大量谷米被运出，而且很多豪绅地主和投机商人趁灾荒之际争相抢购粮食，囤积居奇。一时间，湖南米价扶摇直上，一日数涨，往年每石两三千文，1910年猛增到七八千文，4月11日长沙米价更突破了每石8000文大关。长沙人民的心理承受能力也终于到了极限。

一场前所未有的大风暴正在酝酿中。

山雨欲来风满楼

1910 年 4 月 11 日，长沙社坛岭戴姓碓坊前，南门外某挑水工黄贵荪的妻子欲以手头仅有的 80 文钱购买一升米，但因夹杂有几文当时不通行的大钱而遭店主拒绝。黄妻无法，只好沿街乞讨。待到傍晚时分凑足了钱数再来买米时，米价又上涨了 5 文。两手空空的女人悲愤之下跳入老龙潭自杀。闻讯赶来的黄贵荪悲痛万分，又带了两个孩子投塘自尽。消息在全长沙流传，人心浮动。

4 月 12 日，类似的事情又发生了。忍无可忍的长沙平民捣毁了米肆，并要求开仓平粜。可是当地官府不仅不予批准，反以群众滋事为由派兵弹压。结果导致更大的反抗，酿成震惊国内外的长沙抢米风潮。愤怒的群众烧毁了巡抚衙门，捣毁了教堂洋行及日本领事署，将各碓房存米洗劫一空。对此，清王朝首先不是平抑米价，赈济饥民，而是视之为匪乱，出动大批兵力，严行镇压。

长沙的抢米风潮很快就平息了，但余波犹存。宁乡、湘潭、湘阴、益阳、安化、岳州、常德等地的群众都自行聚集起来，吃大户，捣毁米店，焚烧教堂。

抢米风潮也不止湖南一省，长江中下游其他几个遭灾省份，如湖北、江西、安徽、江苏也多次发生规模不等的抢米运动。

抢米风潮实际上也是20世纪以来全国农民自发斗争进入一个新高潮的重要组成部分，以武昌起义为肇端的辛亥革命运动就是在这样的背景下爆发并迅速席卷全国的。以往有关辛亥革命的论述都认为辛亥革命前下层群众的反抗斗争是革命发生的基本条件之一，而事实上，自然灾害也是一个不容忽视的因素。

可以说，正是由于长江水灾的发生才导致了长江中下游地区严重的抢米风潮。

根据现有的资料统计，1906年全国发生抗捐、闹漕、抢米等反抗斗争约199起，其中一些规模和影响较大的事件主要发生在当年遭灾的浙江、江苏、安徽、湖北、江西等省份。

1907、1908年两年，抢米风潮稍见沉寂，这与同期的自然灾害相对减轻是完全一致的。

1909年，全国下层群众的自发反抗斗争约149起，而其中几次规模较大的抢米风潮和饥民暴动，同样是发生在灾情最重的省份。

而到了1910年灾荒形势急剧恶化之际，群众的自发斗争也陡然上升，全国各地发生的抢米、抗捐等风潮总计多达266起，而抢米风潮就有50余起。

1911年，抢米风潮继续蔓延……

这些斗争虽然是局部和零散的，但当它们和蓬勃发展的革命运动相结合时，终于汇成一股摧枯拉朽的强大力量。武昌起义后三天，当地的革命者就在一份告全国各省人民的檄文中指出，不可不激起革命的一个重大缘由就是“全国饥民，数愈千万，迫饥寒而死者，道路相望”，而清王朝却“从未闻有一粟一粒之施”。当时的著名学者严复也在致《泰晤士报》驻北京记者莫理循的一封信里，把“近几年来长江流域饥荒频仍”归结为武昌起义的一个原因。虽然在各省独立或光复过程中并没有多少饥民、灾民直接参加革命运动，但这绝不意味着辛亥革命的迅速发展同灾荒没有重大关系。就连清廷的许多官员都意识到，普遍存在的饥荒早已造就了革命发展的燎原之势，清政府早已失去了存在的任何社会基础，只剩下一副一触即倒的空架子。

“天命”确然要终结了。

二　生死之搏

——1910～1911 年东北鼠疫

从 1910 年 10 月到 1911 年 4 月，中国东北爆发了一场 20 世纪世界上最严重的流行性鼠疫。它与同时发生在长江中下游地区的洪水灾害一起，对濒临灭亡的清王朝形成南北夹击之势。不过，与清廷在南方灾区的极端恶劣的表现相比，其在“龙兴之地”的一番“作为”，不仅比较成功地遏制了日俄侵略者的扩张野心，也推进了中国公共医疗卫生事业的近代化行程。百足之虫，死而不僵，这大约也就是立朝近 300 年的清廷走下历史舞台之前的一次回光返照吧！

鼠疫大流行

大概谁也不会想到，这次夺走 6 万多人生命的鼠疫，居然导源于一种猫一样大小的啮齿类小动物，这就是旱獭。它们主要生活在蒙古、贝加尔湖区和中国东北，穴居在干燥寒冷的草甸中，其洞穴通常远离人类的住所。每年 4 ～ 9 月间最为活跃，而从 11 月开始则进入冬眠状态。旱獭动作敏捷，奔跑迅速，而且在遇到人的时候会发出类似于“不怕不怕”的鸣叫。

然而一旦染上鼠疫，它就会瞎眼、失声、行动迟缓，并且每每被健康的同类逐出洞外。染病的旱獭很容易被人们猎杀。但遇到染病的旱獭时，当地居民和有经验的猎人避之唯恐不及，即便射杀，也决不裹挟而去。

从 20 世纪初开始情况发生了变化。由于旱獭的毛皮只要经过适当的加工即可与貂皮相媲美，肉亦可食，猎捕旱獭向来有利可图。20 世纪初，旱獭皮成为世界都市女郎的时髦衣饰，市场需求量因之激增，旱獭皮的价格随之猛涨。1910 年，每张旱獭皮的售价比 1907 年猛涨了 6 倍多，仅从满洲里一地出口的旱獭皮就由 1907 年的 70 万张增加到 250 万张。丰厚的利润吸引了大量的捕猎者，而每年春天由山东、直隶逃荒闯关东的 10 多万苦力中，也有不少人加入捕猎行列。不幸的是，他们大都是毫无经验的猎捕者，却又急于大发其财，即使是染疫的旱獭，他们也决不放过，有时还将这种旱獭剥皮煮肉充饥。

这些闯关东的农民大部分寄宿在一些简陋的客栈里。他们往往赤膊裸体，肩靠肩地挤睡在土炕之上。土炕在中国寒冷的北方地区，特别是东北地区十分普遍，而且除了睡觉之外，它还是人们换衣吃饭和聊天的场所。肺鼠疫主要是通过呼吸道和唾液传染的，于是，这个集聚亲情、友情和乡情的暖融融的土炕，恰恰成为鼠疫传播的温床。在东北地区，冬天的气温一般是 −25 ～ −30℃，有时甚至达到 −40℃，人们不得不拥挤在密闭的屋子里取暖，这大大提高了细菌传染的可能性，使疫病控制更为艰难。

对疫病的恐惧也加剧了疫病的传染。当地居民一旦得悉有人食旱獭而死，便知道无情的瘟疫已经来临，于是奔走相告，四散而逃。鼠疫杆菌也就沿着铁路、公道迅速地由一处传到另一处，进而向各地辐射开来。这些逃避瘟神的人们，又把瘟神传给他们的家人、同伴、朋友和其他人。

1910 年 10 月 12 日，边境市镇满洲里发现了第一个病例。病人不久前食用过猎捕的旱獭，回到客栈后不几天便咯血而亡。

10 月 27 日，瘟疫蔓延到距满洲里 800 多公里的哈尔滨。这是由两个带菌的猎人带来的，和他们同住的4个房客亦不幸成为殉葬者。

10月31日，长春发现两个病例。

1911年1月2日，沈阳发现第一例鼠疫死亡者。

根据官方的统计，这次鼠疫袭击了东北三省共69个县市，6万余人丧生。其中，黑龙江22个县市，死亡14636人，死亡率11‰；吉林21个县市，死亡22222人，死亡率5‰；辽宁26个县市，死亡7114人，死亡率1‰。但这些数字是官方根据各地定做的棺材数进行估算的，而实际情况是，由于病死的人太多，棺材来不及提供，往往是将好几具尸体塞在同一副棺材里，因此，这个数字显然是被大大缩小了的。

当时参加防疫工作的一名外国医生在一份报告中这样描述了哈尔滨的状况：

> 过去一周，每天死亡人数是160人，约有四五十人死在我们的医院，其余的尸体由我们卫生人员从街上抬回来。在俄人区，每天有40到50人死亡。从被感染到死亡，时间是两小时到两天不等。所以肺鼠疫和败血症鼠疫的病人，体温高达104度（华氏），（他们）喜欢到街上游荡并宣称自己没病。3个钟头后，他们就死了。

这简直不可思议。如此由生而死的状况，真是惨烈无比。

据领导此次抗疫斗争的伍连德医生后来的估算，死亡人数至少在6万左右。

虎视眈眈的日俄侵略者

就在无情的瘟疫疯狂肆虐东三省之时，亟欲进一步扩张在华势力的外国列强，也纷纷将魔爪伸向这一片多灾多难的土地。

当时的东北，正值日本、沙俄两大列强南北分据之势。俄国以哈尔滨为中心，日本以沈阳为基地，"东清""南满"两条铁路一纵一横，划分出它们各自的势力范围。东北在名义上虽然还是中国领土，实际上却成为日俄控制下的殖民地。鼠疫发生后，日俄两国为防止其他国家以"人道主义"为借口介入东北事务，纷纷采取行动维护它们各自的既得利益。它们还意识到这次鼠疫也是其在东北继续扩大侵略的机会，因而准备随时进行军事干涉。

为排斥其他国家前往"南满"考察防疫，日本采取了一系列所谓的防疫措施，比如在铁路沿线附近设立隔离区，在主要地段布置军事警戒线，成立“联合防疫局”，增派军队，要求到中国居民家中搜查病例等。其实，只要稍微了解一下“联合防疫局”的内幕，便会清楚地看到日本防疫的真正目的。这个防疫局是由日本关东殖民政府、警察局以及南满铁路株式会社联合组成的，总部设在沈阳，并在长春、铁岭、辽阳、牛庄、安东、大连、旅顺口等地设有分局。在该局 2000 多名工作人员里，真正的医生只有几十名，绝大多数是警察和其他各类军事情报人员。这样的机关，与其说是防疫局，不如说是军事组织更合适。

与此同时，俄国也加紧了在自己的势力范围“北满”的活动。在哈尔滨，俄国人会未经中国地方政府同意，即自行决定在铁路线内驻扎俄兵，实行戒严，严格限制中国人出入，并威胁清廷，如果疫情继续蔓延，就将派兵进驻哈尔滨。俄外交大臣沙查诺夫宣称，制止鼠疫的“惟一办法是俄国在中国北部中心驻扎军队”。在满洲里，俄兵也以检疫为借口，越境挑衅。就连在万里之外的新疆塔城地区，俄国也以防疫为借口集结了大量炮队、步兵及哥萨克骑兵。俄政府甚至照会英、法、日三国，对清王朝“阻其防疫”深为不满，决定诉诸武力。其侵略中国领土的野心昭然若揭。

事实也戳穿了日俄侵略者的假面具。满洲里的鼠疫一经发现，俄国人便立即将在当地谋生的近3000名中国人集中到几节火车瓦罐厢里，这些人无衣无食，苦不堪言。在扎来诺尔煤矿区开荒种菜的数百名关内农民，同样被俄国人悉数拘留于瓦罐车内，住房用具全部焚毁。其后，俄国人又先后在满洲里和沈阳将一万多名难民驱逐出境，并用火车押往长春。为此，满洲里俄国庶务会还向中国商铺索取7万余元的拘留费。这些难民被送往长春后，日本人又以避免鼠疫传播为由，不许他们下车。许多人没有死于鼠疫，却死于寒冷和饥饿。

另一方面，为“保护”自己的领署侨商，日本人由沈阳派遣500余名陆军，乘汽车经长春，直奔哈尔滨，声称“哈尔滨疫祸甚烈”，必须派兵前往。于是，日俄双方剑拔弩张，大有一决雌雄之势。

与瘟疫打交道的人

发生在“龙兴之地”的残酷疫情和由此引发的领土危机使清王朝忧心忡忡。在近代外交过程中让中国人备受屈辱的清朝统治者，这一回难得地表现出了一点不卑不亢的气概，决定独立自主地控制鼠疫。瘟疫发生后两个月，在东三省总督锡良的请求下，经外交大臣施肇基推荐，清廷指派北洋陆军医学院副监督伍连德率领一支由医生、护士组成的医疗队，前往疫情最重的哈尔滨进行防治工作。在这支医疗队中，有不少还是志愿参加救援的外国医生。不过，在整个鼠疫防治过程中起决定作用的，还是以伍连德为首的一批中国人。

伍连德，祖籍广东，1879 年出生在马来西亚槟榔屿。1896 年经过激烈的竞争获得英国女王奖学金，进入剑桥大学伊曼纽尔学院学习医学。他是第一个在剑桥大学学习医学的中国学生。1901 年以最好成绩获医学学士，之后他又在伦敦、利物浦等地的一些著名医学实验室和研究所从事学习和研究工作。1903 年，他获得医学博士学位。同年，这位年轻的医学博士返回槟榔屿行医，进行医学研究，并积极领导当地的反鸦片斗争。1908 年，北洋大臣袁世凯慕名邀请他担任北洋陆军医学院副监督，伍连德欣然接受。这个决定确定了他一生的事业。

1910 年 12 月 20 日，当伍连德率领的医疗队抵达被死亡恐怖笼罩着的哈尔滨时，他们被当地糟糕的卫生条件惊呆了。当地主管官员原是一个鸦片吸食者，根本不相信有细菌，也不相信西药。当地没有任何医院、实验室和消毒站，只有一座瘟疫房。凡有咳嗽、吐血和头痛症状的人，均被当作疫病患者关起来。

困难无疑是巨大的。他们不仅要同恶劣的卫生和自然条件作斗争，还要与各种各样的偏见和陋俗打交道。因为要根治瘟疫，首先必须确定鼠疫的类型，可当地习俗却反对解剖尸体。伍连德只好另谋他途。他冒险进入日本人居住区，解剖了两具日本人的尸体，得知罪魁祸首主要是通过呼吸道传染的肺鼠疫。

另一个困难是对尸体的处理。越来越多的尸体堆积如山，根本来不及运至坟地深埋。如果不能及时处理，尸体上残留的鼠疫病菌到第二年春天仍可存活，从而引发新的瘟疫。最好的方法是火化尸体，但这又是对传统观念的一个挑战。用伍连德自己的话来说，这种史无前例的行动在当地引起的是普遍的排斥与反感。无可奈何之下，伍连德和锡良只得请求清廷颁旨准行。这样，火化工作才得以顺利推行下去。1911 年 2 月，伍连德召集 200 多名工人，在野外炸出许多大土坑，将尸体垒成 22 堆点火燃烧。为确保尸体全部焚化，他们还在上面洒上煤油。大约 1 小时后，数千具尸体便焚化一净。长春也以同样方式火化了 4600 多具尸体。

如何控制流动人口对防止瘟疫扩散同样至关重要。因时届春节前夕，成千上万的农民回流山东、河北老家；许多人出于对瘟疫的恐惧，也从疫区纷纷逃离。为此，伍连德起初在火车站建立检疫站，由于人数太多，检疫工作无法进行，有的人还有意绕道回家。伍连德不得已请求当局指派士兵帮助检查，发现病人立即隔离。

然而，最艰巨的工作还是在鼠疫暴发地彻底控制病源。伍连德会同当地官绅组成临时防疫会，采取措施隔离患病者。为保证检疫效果，又组成搜索队，分区分段，逐街逐户进行清查。在傅家屯，由长春派来的 1160 余名兵丁在城外四周布下警戒线，城内则分为四区，由 600 名警察严密防守。居民手臂上分别绑扎各色布条，以标志其居住区，未经许可不得移迁。搜索队在每个区都反复检查，直至确定疫情消失。

艰苦的努力终于获得成效。1911 年 3 月 1 日，哈尔滨报告了最后一个鼠疫患者。利用哈尔滨的经验，这场蔓延中国东北和华北部分地区的大瘟疫终于在 4 月底被控制住了。据伍连德估计，这次鼠疫造成了上千万两白银的损失。

1911 年 4 月 3 日，在伍连德的建议下，清廷在沈阳召开了中国历史上第一次国际鼠疫会议，参加大会的有来自美、奥、法、德、英、意以及日、俄等11个国家的专家学者。伍连德担任大会主席，并就此次鼠疫防治工作作长篇发言，提出了一系列有关鼠疫的理论与主张，得到广泛认同与赞扬。这次会议的召开，也成功地抵制了日俄的干涉，使其进一步侵略中国东北的企图未能得逞。

这次鼠疫对中国的另外一个意义就是西医在中国得到进一步推广和传播。

面对致命的疫病，一向对西医和西药持敌对态度的传统中医很快发现了自身的无能与局限。在沈阳，中医漠视外国人采取的任何方法，他们只帮助病人放血或针灸，几天后，医生与数百名病人同归于尽。同样的情形也发生在长春。在那里，两名中医和7名护士在刚刚建立了7天的一所防疫医院中死去。防治效果的巨大反差，不仅使中国政府认识到了现代公共卫生系统的重要性，而且也使许多普通民众对西医西药有了更多的了解。一些先前不可想象的事情如火化尸体，也为公众逐渐接受。1912年，清王朝在哈尔滨设立东三省防疫事务总处，这是中国最早的一个较为健全的近代卫生防疫机构。有赖于此次防疫的经验教训，1917～1918年的山西鼠疫和1920～1921年东北再度暴发的鼠疫都得到了比较有效的控制。

领导此次抗疫斗争的伍连德博士亦从此成为国际医学界的一位风云人物。虽然在这次瘟疫结束后不久清廷即告崩溃，但伍连德的事业却没有中断。1930年，他被任命为国家检疫所的领导人，打破了此前中国的检疫机构一直由外国人把持的可悲局面。

三　泽国·火海

——1915年珠江大水灾

辛亥革命犹如一道闪电曾一度照耀了中华大地，但却未能让中国走出黑暗的半殖民地半封建社会。孙中山退位，宋教仁被刺，二次革命和白朗起义失败等一系列历史事件表明，中华民族并没有迎来一个政治上的新时代，反而出现加速沉沦的趋向。

刚刚进入1915年，袁世凯即按捺不住复辟帝制的野心，公然冒天下之大不韪，在北京城里紧锣密鼓地准备实现他的“皇帝梦”；日本则在此时乘机提出了臭名昭著的“二十一条”，亟欲吞并中国而后甘。历史车轮的倒转和亡国灭种的民族危难，使中国又一次陷入了极其严峻的政治危机之中。

这时候，一场数百年不遇的特大洪水横扫了以广东为中心的珠江流域。珠江三角洲18个县市受灾农田达647万余亩，受灾人口378万余人，死伤10万余人。珠江大水，连同湖北水灾蝗害、四川亢旱、松花江水患、黄河决口等，加剧了民初社会的动荡与不宁，也淹没了人们渴望光明的一丝希望。

三江齐发

广东的珠江水系，是由西江、北江、东江三大河汇聚而成。东江发源于赣南山地，北江发源于南岭，西江源自云贵高原，三江干流汇于广州附近的珠江，奔流入海。珠江三角洲雨量充沛，土地肥美，物产丰饶。唐宋以来，经过劳动人民的长期开发，这里逐渐成为全国著名的鱼米之乡，成为南国大地一颗灿烂的明珠。

不过，缔造了这块沃土的珠江也有它自己的致患因素。珠江各河流流经的地区为亚热带气候，降水丰富，分布却极不均匀，全年总降水量的72% ~ 88%集中在4 ~ 9月份，而每年的5 ~ 11月份，沿海地区又常受台风侵袭，时时带来暴雨和风暴潮，洪水暴涨成灾当为寻常事。

在我国七大江河中，珠江的含沙量虽然最小，但由于流量很大，输沙量亦大，所以河口淤沙日久日高。两岸不断增加的人口竞相围垦，大兴堤围，造成河口延伸，河床淤积，出海水道既长且窄，洪水泛滥自然是一年甚似一年了。宋元以前，这里的水患还微不足道，然而到了晚清咸丰年间，就已经发展到“无三岁不被淹浸”的地步，光绪以来更是“无岁无之”。

面对日趋严重的水患，粤东人民早就呼吁政府采取措施治理珠江。民国甫一成立，就设置了督办广东治河事宜处（简称广东治河处），总理珠江治河事宜，似乎不无重视。可是由于政局动荡，财政支绌，该处成立六七年中，除了测量以外，没有任何实际成绩。那些长年靠当地农民小修小补残破不堪的圩堤河岸，终于在 1915 年的全流域性大洪水的冲击下全线崩溃。

如果三江洪峰不同时出现，灾情即使严重，也只会影响局部地区，下游珠江也不会受到巨大的压力。然而 1915 年的夏天，老天爷似乎有意与人们作对。从 6 月下旬到 7 月上旬，华南的许多省份都笼罩在暴雨和沉雷之中。在广东各地，或“连日大雨，雷电交驰”，或“霾雨缠绵”“淫雨为灾”，其结果就是导致东、西、北三江同时暴涨，这也正是人们最不情愿看到的局面。

三江洪峰是在 7 月 10 日前后相继出现的。据文献考证，西江在两广交界的梧州一带洪峰流量达到

54500 立方米／秒，北江横石一带的洪峰流量达到 21000 立方米／秒，都突破了历史上的最高纪录，洪水稀遇程度都是 200 余年中最大的一次。同时，东江也形成了巨大的洪峰，水位高达 13 米之多。7 月 9 日、10 日，三江洪峰接连闯入珠江三角洲，南海大潮亦随之（7 月 12 日）澎湃汹涌，激荡的珠江迅速出现巨大的洪峰，灭顶之灾骤然而来。

在北江，处在广东最北端的乐昌以及连县、连山等地，这年 4、5 月份即已淫雨为灾，6 月下旬又是连旬雨水，洪水猛涨，境内“被灾殆遍，米价甚高”。7 月 9 日，屏蔽清远县的石角围突然崩决，洪水铺天盖地冲入清远城，全县冲塌房屋 4.6 万余间，灾民达 24 万余人。四会县各乡屋宇，纷纷倒塌，灾民 10 余万无处可避，近山者登高露宿，远山者瓦面栖息。

西江情势更加严峻。

7 月 5 日深夜，先到一步的西江洪峰将三水石版围冲决，殃及验涌、和涌、白水、古灶等围。即将成熟的早稻和刚刚插秧的晚稻均被吞没，荡然无存。当地数以万计的农民被迫风餐露宿，米价飞涨，其情形惨不忍闻。

7 月 8 日，高要县香山围溃决数十丈，洪水直泻而下。

7 月 9 日，肇庆景福围崩塌 200 余丈，城内即时被淹，数千人被洪水冲走。一时号哭震天，浮尸横江。逃出的 10 余万灾民，扶老携幼，栖身于山冈、树梢和屋顶。

7 月 10 日，又决三水榕塞大围，围内百余乡化为汪洋，乡民溺毙者无数。

东江的东莞、增城、河源、兴宁、博罗、惠阳、龙川等县，也纷纷报灾。而且由于山洪暴发，东莞境内的广九铁路路基被冲毁几十丈，铁路运输陷于瘫痪。

7 月 12 日，洪峰冲至珠江三角洲。全国四大名镇之一的佛山镇在洪水中没顶，全镇数十万难民露宿岗顶，绝食待毙。据传死者两万余人。平日里香火鼎盛，享尽人间膜拜的祖庙，这时也露出了泥胎本相，被滔滔的洪水冲垮。大水还冲垮了附近的罗格围、三洲围、大郎围，而且一决就是数十丈，堤破人亡，饥民遍野。

顺德县位于珠江三角洲的最底部，洪水一来，整个县区几乎被淹没了。境内紫溪、同福、和乐、闲步、马营等围尽数崩决，妇孺老幼溺毙者无数。尤其是马营围，被洪水冲决三处，而周围又无山岭或高地可以避难，平地积水骤高丈余，灾民只能栖息于屋顶之上，是生是死全赖命运了。

随处可见浮尸、饥民、断瓦残垣，满目凄凉的田园及汪洋一片，这就是1915年夏天广东水患的写照。

水火交融

广州地处河网密布的珠江三角洲核心地带，自古以来就是中国与海外通商的大口岸。在清末民初的乱世之中，这里虽然和其他地区一样也隐伏着重重的危机，但发达的中外贸易及珠江三角洲繁荣的商品性农业生产，仍然是一派车水马龙、盛况空前的繁华。从当时的广州城南穿越而过的珠江两岸，白天帆樯丛集，商贾辐辏，入夜大沙头、西关一带珠江河面船艇无数，商人游客流连忘返，丝管弦乐在闪烁的红灯中飘荡。戏院内鼓乐喧天，茶馆中客来如流，真正一派歌舞升平的景象。

然而1915年的夏天，这一切都在无情的洪水和巨火之中化作了灰烬。

7月9日，西、北两江洪峰在三水汇合，又受逆江而上的海潮顶托，两江围堤纷纷决口，怒啸的洪水以排山倒海之势向广州扑来。

7月10日，广州河南一带“潦水即已浸街”。

7月11日，西关一带水势猛涨，从桂南、兴隆街、仁济西路水月宫一带已被水淹。

7月12日一早，大潮突涌。虽然此前广州下西关已积水三尺上下，但由于每年雨水季节，城西、城南低洼地区经常出现水浸路面的情况，所以当地居民并未在意。及至如鼓大潮和骤涨的水势将人们从梦中惊醒时，才知道大祸已经临头。

其时，洪水奔腾而下，越过堤岸，涨至膝头，浸过门楣，淹过屋檐。惊慌失措的居民在大水的驱赶下纷纷爬上屋顶或阁楼。可是洪水毫不留情，一涨再涨，人们赖以救命的房屋在激荡的水流中纷纷坍塌，无数生灵就此葬身水中。灾后下西关泮塘一带曾经清理出210具尸体，江面浮尸更是无以数计。

7月13日，水势益盛，广州全城几于瘫痪。工商停业，交通阻塞，轮船停开，自来水和电力供应也完全中断。广州城外则已汪洋一片，来自乡间的大批灾民纷纷由西门、太平门、大南门涌入城内，麇集于庙堂空地，惊魂落魄，僵卧呻吟。其总数约有20万之众。不及避往高处的多数灾民，往往“在树上躲避，小孩子则以绳系于树上”。

最残酷的情景也发生在这一天。

大约下午4时，正当水势浩瀚之际，避难于西关十三行一带的商民做饭时不慎失火，偏偏此时雨停风起，火势在砖木结构的楼房中迅即蔓延。附近的同兴街，恰好又是一条以经营火油火柴为主的商业街，大火蔓延至此，越发不可收拾。满街的火油箱在大火中爆炸，火油带着火焰在泛滥的洪水中四处漂流，油到之处店房悉行着火。火苗甚至漂过几百米宽的珠江，烧及河南江边的艇船和庐舍。瞬息之间，数路火起，汪洋之上，一片火海，广州城成为火上浇油的悲惨世界。

由于事起突然，火势蔓延的速度又太快，成百上千在楼阁屋顶避水的居民无路可逃，纷纷葬身火海或泽国。在起火地点十三行九如茶楼，当时约有100余人避水于其中，大火之中，无一逃生。有的街巷，数百名在屋顶上避难的妇女儿童，面对酷烈的大火进退无路，“跳下则为水所淹，不逃则为火所毙，状极惨怖，哭声震天”。即使火里逃生者，也都是焦头烂额，伤胸折臂，丧身于大火中的尸体膏油流出水面，有的竟达半寸之厚。火灾过后，大批尸骸纵横道上，无人收殓，只以草席遮掩。

当时的广州城已经拥有了比较先进的救火设施和消防队，商业发达的西关各街道也大都备有救火工具。然而一片汪洋中，不但人力无法施救，就是近代化的消防设施，也因自来水的完全中断而派不上用场。前往救火的消防队员有不少葬身火海。一支奉命出勤的消防队，途中适值一大商店倒塌，许多消防队员殉职，有消息说整个消防队平安返回者仅数人。到 14 日下午，军警双方互相配合，试图强行“拆开火路”，分散火情，但最终没有成功，火势反而愈演愈烈。

这场大火一直烧到 7 月 15 日的早晨。事后据警察厅调查，大火焚烧街道 25 条，焚去铺店约 2800 多间，烧毙约 1 万余人。到 7 月 16 日，已获死尸 1600 余具。参与救灾的军警人员，死者也逾千人。

火势既息，大水也于 7 月 18 日慢慢退尽。惊魂未定的广州市民还来不及庆幸生还，就发现自己面对的是一个面目全非的广州城，尤其是西关一带的断瓦残垣，水淹火烧的惨状历历在目，烧死及溺死者的尸体，或浮荡在江面，或横陈在瓦砾之中，惨不忍睹。

据记者报道，水灾后的广州有三种商店生意最隆：一为棺材店，“因死亡人数过多，大有应接不暇之势”；一为搭棚店，各处房屋火吞水没，亟须“搭架支持”；一为泥水匠铺，“各处房屋倒塌之后横亘街道，故从速将其收拾，以免阻碍交通”。

画饼充饥

珠江大水灾震动了中国社会。在各地粤籍人士的奔走呼吁之下，一些大中城市纷纷发起各种募捐救灾活动。

在香港，长期以来一直主持港界慈善事业的东华医院，于7月13日即成立香港救济会，并相继在广州、三水、肇庆等灾区设立救济会所。香港的中国商会、英美烟（草）公司、太古洋行、旧金山中国总领事及六家公司、秘鲁里麻中国慈善会及在港日人、日本公司，纷纷捐款。至27日，该会共筹得款项30余万元。

为解决广州缺粮危机，香港救济会成立之初即由英商西江船公司装运第一批粮米300袋前往广州。7月17日，香港政府也拨船帮助运输。美孚公司提供它的广州货栈作为米粮装卸之地，亚细亚煤油公司则拨出三艘船只将救济物品从广州运往西江各口岸。到7月19日，已有1200袋米运至广州，1800袋运到北江，1000多袋运至梧州，供当地赈济会散赈之用。7月底，又有日本东京各团体组织的散赈队伍前往灾区，散发米饭、饼干及药品。

在上海，旅沪的粤籍商民于7月18日集会讨论筹赈办法，议决由金星人寿兼水灾保险公司垫款，从芜湖购运赈米8000包运往灾区。7月22日，上海戏剧界连续四天举办大型赈灾义演，“台下掷金充赈者如雨点”。

珠江水灾也惊动了北洋政府。

7月14日、17日，一心“黄袍加身”的袁世凯接连颁发赈灾令，共拨款20万元汇交广东，袁本人也捐出2万元作为各县急赈之用。与此同时，广东振武上将军龙济光、广东巡按使李国筠也在巡按使署设立“全省水灾筹赈处”，任命财政厅长刘庆镗、粤海道尹蒋继伊为总办。这个筹赈处一面请求中央核准截留三个月的协解京饷作为赈款，一面向中国银行和商号借款20余万元，派人去香港买米接济。

但是，尽管上海、香港等大城市确实掀起了一股赈灾的热潮，尽管北洋政府也作出了种种轸恤民艰的姿态，可对于广大的灾区和无数的灾民来说，这些都只是杯水车薪。即便是省城广州，也由于灾民太多，各处施赈点无不“粥饭欠缺”。7月23日，广州四乡民众到救灾公所请求急赈的多达200余起，众多灾民面临绝食的威胁。因此“粮食告罄，故特请速运馒头饼食各种干粮，以济燃眉”之类的求救书，屡屡见之报端。数百万饥民依然在灾难中呻吟、煎熬，看不见任何希望。

洪水退后，盗贼蜂起。8 月 26 日，广州附近两镇遭盗匪侵扰，焚毁房屋 1500 多所，被杀数百人。时人感叹道：

> 吾粤所苦两端，曰潦曰盗。水灾之后，继以乱散，百物腾贵，事蓄无赀，强者为盗，弱者为窃，善良遭其鱼肉，不敢耕作。以终岁勤苦，不足供攘夺。人道之惨，莫如掳勒不如所索，辄枪毙示警，生计至艰，生机殆绝。

8 月 3 日，袁世凯派往灾区“慰问”并办理善后事项的两名特使途经上海，旅沪粤籍人士为他们举行了一个茶会。与会者围绕广东连年不绝的水患展开了一场讨论，茶会从晚上 9 点开到深夜，100 多人到会。在论及治标和治本的问题时，与会者一致认为治标之计“自不得不为”，治本之方“尤不能不筹”。但他们对迭遭灾乱、财尽民穷的广东能否承受一个治本的大工程却甚为悲观，认为“以此巨大工程，全责膏罄髓竭之粤民，恐无米之炊，再历万岁千秋，亦无告成之日，吾粤三千万同胞将与洪涛巨浸长终古耳”。因此，他们纷纷呼吁中央政府能“颁发巨帑”，以根本解决珠江的水患问题。

然而又怎能指望由袁世凯操纵的北京政府，拯民于水火之中呢？正是在这一年，时任全国水利局总裁的张謇，就在一封信中抱怨他所管辖的水利局是当时的“最穷机关”。他还多次致信袁世凯请求拨款，但始终得不到圆满的答复。由于水利职能机构的瘫痪，水利的失修，水患的连年不绝也就势所难免了。

四　汪洋京畿

——1917年海河大水灾

天津，“当河海之冲，为畿辅之门户”，可谓海河流域的象征。

据说早在元末明初，刘伯温就给天津城的命运作出这样的预言：“天津无有刀兵之苦，只透水火之灾。”果不其然，自天津建制伊始，其蒙受战火与兵变的年份的确寥寥无几，而火灾则周期性地发生；水灾呢，包括局部或全局性的在内，从16世纪末期算起，至少已出现了百余次，且有愈演愈烈之势。

20世纪上半叶的天津，依然免不了水患频频的厄运。作为这期间海河流域两次特大洪水之一，1917年的大洪水只是拉开了洪水演进的序幕而已。不过，这次百年一遇的大洪水的发生，似乎表征着刘伯温谶言的失灵和无效，因为它恰恰是和同时期开始的“刀兵之苦”并行交织而来的。

天人交迫

1917 年 7 月 1 日清晨，刚从睡梦中醒来的北京市民还没弄明白是怎么回事，就在街头警察的勒令下，纷纷挂上了标志清王朝的龙旗。那些早就期盼着清室复辟的王公贵族、遗老遗少以及一部分看风转舵的封建军阀，都兴冲冲地赶往皇宫门前等候觐见“皇上”。

前几日从上海北上抵京参与复辟阴谋的保皇党首领康有为，在途经丰台望见西山时所写的一首诗，流露出自己同时也代表着张勋复辟集团的得意之情：

廿载流离逐客悲，国门生入岂能知。
长驱津浦有今日，大索长安忆昔时。
朝市累更哀浩劫，天人合应会佳期。
西山王气瞻葱郁，风起云飞歌有思。

极具讽刺意味的是，他们所期待的“天人合应会佳期”，却是华北地区罕见的大暴雨；所谓“风起云飞歌有思”，也变成了“风雨如磐黯故园”。有关史料显示，就在 7 月 1 日张勋宣布“复辟”的当天，北京“微雨洒途”；几天后“天忽酷暖”“燥亢异常”，7月7日，北京“风雨大作”。7月15日以后，更是连日大雨倾盆。雨季一直延长到9月份，其间大雨、暴雨接连不断，险象环生。

人祸与天变的交叠自然只是一种巧合，而非“天人感应”。事实上，这年7～9月间连续袭扰华北地区的台风才是京津地区暴雨不断的主要原因。其中影响最大的又是7月中下旬的两次台风。首先是7月16日在厦门登陆北上的台风。此次台风途经长沙、宜昌、洛阳，越过黄河，沿太行山向北推进，于18、19日两日深入今河北省北部山区。紧接着第二次台风于7月20日在广东汕头登陆，四天后越过黄河，然后继续北上，至27日在太行山中部一带减弱消失。

向北挺进的台风以其在太平洋带来的大量水汽，在太行山、燕山的迎风坡及海河流域形成面积广大的暴雨区域，大清河、滹沱河流域形成暴雨中心，海河平原北部也出现大暴雨，天津附近周家庄7月25～27日3天的降雨量多达360.5毫米，仅26日一天就降下了262.5毫米的雨水，超过华北地区年平均降水量的2/5。

大范围、高强度的暴雨使海河各大水系迅速暴涨成灾。来自解放后的水文调查显示，大清河、子牙河、南运河等都出现了 50 ～ 100 年一遇的大洪水。

拒马河紫荆关河段，积水面积 1760 平方公里，洪峰流量 5200 立方米／秒，重现期为 50 ～ 70 年；

唐河中唐梅河段，积水面积 3480 平方公里，洪峰流量 9300 立方米／秒，重现期为 50 ～ 100 年；

沙河郑家庄河段，积水面积 3770 平方公里，洪峰流量 11700 立方米／秒，重现期约 100 年；

泜河北盘石河段，积水面积 546 平方公里，洪峰流量 4860 立方米／秒，重现期为 100 年；

滹沱河黄壁庄河段，积水面积 23272 平方公里，洪峰流量 13500 立方米／秒，重现期为 50 年；

釜阳河部分支流的洪峰流量也达到了 50 年一遇，永定河、漳河的洪水相对较小，但也都是一二十年一遇的。

从地形上来讲，海河流域西亘太行，北枕燕山，山区面积占总面积的 2/3，而其余的 1/3 是地势十分低洼的平原地区。在扇叶似的流域内，北运河、永定河、大清河、子牙河、南运河等各大支流汇聚到平原地区，成为海河干流。但是整个平原区域的高差十分微小，距海约 180 公里的保定，海拔高度至多 17.2 米；距海 45 公里的天津，海拔高度则只有 3.3 米，比降均小于万分之一。故此，奔腾而下的洪水一旦进入平原，就会因为入海不畅而壅积泛滥。

除此之外，由势大流急的洪水夹带而来的大量泥沙，也因水流骤缓而淤积在平原上，使海河河底日见增高。据调查，1917 年 7 月中旬的海河，吃水一丈五尺深的轮船尚能驶至天津，而到了 8 月份，吃水只有一丈深的也不能上驶了。也就是说，不到 20 天，海河河床的积沙即已达 5 尺以上，进一步阻塞了洪水入海之路。

大洪大涝相伴而生，灾难愈加深重。

水灾惨状图

如果说张勋复辟给京津一带的民众无端地带来一场不大不小的战祸，那么，差不多与之俱来的大暴雨则使畿辅大地遭遇了 20 世纪以来最大的洪水浩劫。据官方统计，京兆及直隶共有 105 县受灾，受灾村庄 19000 余个，田亩 30 余万顷，歉收粮食 900 余万石，灾民 580 余万人，应赈之民 434 万余人。

讨伐张勋的战争 7 月 3 日誓师于天津，7 月 12 日结束于北京，战火自南而北展开。半个月之后，泛溢于京兆东南部的洪水，则沿着海河北系的潮白河、永定河、北运河等向天津一带漫卷而来。香河、武清、宝坻、房山、宛平、涿县、固安、霸县、安次洪波骤泻，巨浪汹涌。霸县城下水深四五尺不等，附近村庄全成泽国，房屋倒塌无数。安次县城也被水包围，水深处一丈有余，浅处五六尺、三四尺，城外四乡汪洋一片，房屋倒塌，人口淹伤者无数。房山县道路不通，民房坍塌，低洼地亩无不淹没于水中。一向水患稀遇的涿县，这一次也遭受重创。据《申报》报道：

> 此次拒马河暴涨，又兼山水骤至，漫溢全河，桥梁冲断，乡城全成泽国。该县统计390村，今被灾者已在300村左右。灾区人民除被水淹毙外，其余残存者，或一家数口，露宿房顶，或身无寸缕，避居他村。悲惨情形，不堪目睹。而被灾最重者，有阖村一屋不留，其乡民尚露宿泥潭之中，奄奄待毙，其灾情之重，相传为数十年来所未有。

冀中洼地水势更甚。源自大清河北支的洪水在越过京汉线（今京广线）时，最大洪峰流量粗略估计在20000立方米／秒以上。这股巨流直奔东淀，然后冲破千里堤，注入文安洼。子牙河水系滹沱、釜阳等河洪水，越过京汉线的最大洪峰流量高达30000立方米／秒以上，在淹没大陆泽、宁晋泊、饶阳泛区后，在献县以下冲决子牙河堤，大部直趋贾口洼，另有部分洪水则泻入文安洼。

文安、清苑、饶阳、高阳等县相继沦为泽国。文安县水灌城中，城垣崩塌，居民庐舍漂没一空，水势极盛之时，整座县城犹如即将沉没的巨舰，摇曳于波涛汹涌之中。高阳县“机织之利，甲于全省”，全县以织布为业的，占总人口的十分之七八，每年销往天津的洋纱多达15万余包。然而洪水一来，机杼棉纱随地漂没，幸存的百不一二，以致天津纱业顿时萧条异常，减销达3/5。

30年代成为模范县的定县，也因境内连日阴雨、河流暴涨而泛滥成灾。著名社会学家李景汉的调查比较具体地记载了这一年定县的灾情——总计全县462个村子，成灾的有302村，歉收的有33村，灾歉合计占全县总村数的73%；受灾地亩5607顷，被水冲塌房屋35089间，损失牲畜82头；被水冲没淹死或被房屋倒塌压毙的人口计52人，受伤34人；灾民99468人，其中极贫46191人，次贫53277人。

冀南各县同样是“人为其鱼，望洋而叹”。邢台县城南关靛市街、牛市街，“轻者塌房数百间，重者千余间”。磁县城外水深数尺，田禾尽被淹没，房屋倾圮大半。宁晋县平地积水一丈五尺有奇。

海河穿流而过的天津城虽然在 7 月中下旬的洪涛巨浸中幸免于难，但其形势岌岌可危。各大水系的洪水汇聚于天津西部诸洼之中，横无际涯。进入 8 月份，华北依然阴雨连绵，雨量虽比上个月小，但与常年不相上下。严重的内涝不仅无法消退，反而日趋严重。到 9 月下旬，又有两次台风袭击海河南部各支流，使该年的洪水灾害发展到最高潮。

其时，从永定河突入海河的洪水，“每秒 20 万英尺”（约近 9000 立方米流量），而海河入海之水每秒只有“六万英尺”（约 2222 立方米流量），尚不到前者的 1/3。其他各大支流的洪水也无不奔流争集，尽趋天津。

9 月 21 日，从良王庄到杨柳青之间的南运河右堤终于不堪重负，接连决口达 13 处，洪水从天津市南郊海光寺一带向北漫溢。

9 月 24 日夜，大雨滂沱，市区的临时土埝溃决，洪水经南市等地突入市区，海光寺一带，水深约五六尺；日、法、英、德等国租界，水深三四尺不等；附城南马路、西马路一直到西门，水深四五尺；与日租界交接的荣华大街，水深一丈有余。

洪流奔突之中，京汉、津浦等铁路、公路或被冲坏，或遭水淹，天津陆路交通陷于瘫痪。

天津的工业也受到严重打击。特别是由于电气公司被水浸灌，全市夜间一片漆黑，受灾地区工厂歇业，商店闭市，一切机关停止活动。直到 10 月 7 日，日本租界内电灯还无法照明，日巡警公署只得购买大号汽油灯，悬挂于大路口。受灾各区煤矿，也因被水淹浸，无法生产。

数十万天津市民被洪水围困。从附近各乡前来避水的还有 12 万余人。市街内，残堤上，难民麇集，器物狼藉；市街之外，千顷汪洋，有无数小舟或以门板结成的木筏，与二三幢未曾倾圮的小屋，星星点点，时露水面。污物、粪便以及人畜尸骸漂流于其中，秽气熏蒸，令人作呕，当地人称之为“祸水”。在无水可饮的情况下，大多数市民也只能冒着疫病肆虐的危险勉强取用。

这年秋冬，华北地区又出奇的寒冷。除 10 月份的温度接近常年外，9 月份偏低 0.9℃，11 月偏低 0.7℃，12 月偏低 1.9℃。对缺衣少食、饥寒交加的广大灾民来说，如此严寒的冬季，无疑又是生与死的残酷煎熬。

熊督办

张勋复辟所招揽而来的“王气”，很快就在全国人民的声讨声中烟消云散了。可是从这种“王气”之中散发出来的浓烈的政治腐败气息，依然氤氲于京城之上。在复辟造成的权力真空中乘势再起的段祺瑞，实际上不过如孙中山先生所抨击的那样，是“以叛讨叛，以贼灭贼”的权奸巨恶，表面上“拥护共和”，暗地里“攘权夺利”。他一面与代总统冯国璋继续“府院之争”，一面决心以武力一统天下，因此，在铲除张勋后不久即发动了第二次南北战争。神州大地再次陷入干戈扰攘之中。对于迫近辇毂的滔天洪水，段祺瑞之流当然视而不见。

水淹天津后，一位退出政界、隐居天津的社会活动家熊希龄再也不能坐视了。这不仅是因为他目睹“难民露宿，呼号求援”的惨状，于心不忍，也因为他自己同属“灾民”，而且如他自己说的是“双料难民”——他在津埠的寓所被河水吞没了，他自己的家乡湖南沅州也成了南北双方争夺的战场。就在“水决天津、淹灌全埠”的那一天，熊希龄当即奔赴北京，向中国银行公会募捐款万余元，购备粮食，运津赈济；继而建议政府筹款济民。

段祺瑞内阁的国务会议总算通过了他的救灾建议，但结果只是给他 30 万元的赈款和大总统冯国璋颁发的督办京畿一带水灾河工善后事宜的一纸命令。

“勉为其难”挑起重任的熊希龄只好把希望转向社会与民众。10月8日，他向全国发出请赈通电，希望各地慷慨捐输，广为劝募，以期众擎易举，集腋成裘，救灾民于生死之间。他还以身作则，首先捐出现洋500元，后又“就家中所有新旧布衣，由内人暨小女等督率婢仆，亲自缝纫，即可得棉衣一百套，捐给难民”。在他努力下，共募得棉衣裤148601件，皮单夹衣裤82400件（约值20余万元），煤3400吨，现洋约93万元，中钞与公债等30余万元。这已经远远超过了政府的拨款。

1917年10月15日，京、津两地暨全国其他地区来津放赈的民间救灾团体代表，应熊希龄的约请，会聚于北京石驸马大街熊宅亦即督办处，讨论合力筹赈的办法。这些团体共约16个，有天津水灾义赈会、顺直助赈局、天津助赈局、中国红十字会、上海红十字会、中国青年会、北京青年会、天津青年会、中华圣公会、中国济生会、京直奉筹赈会等。会议决定成立京畿水灾赈济联合会，推熊希龄为会长，美国红十字会顾临君（美国人）为副会长，并拟订了具体的赈灾方案，如举办平粜、开设粥厂、规划防疫、设立因利局、保留牲畜、收养老幼妇女、以工代赈等。会议着重讨论了救灾放赈的“统一之法”，规定所有民捐赈款各项，一概交由联合会统筹规划，分工负责，以免产生各团体自行其是、各不相谋以至于“重复遗漏”的弊端。这是后来成立的中国最大的民间救灾团体——中国华洋义赈救灾总会的雏形。

周密的部署，终于收到了不小的实效。截至次年6月30日，由各地官绅自筹经费设立的慈善机构共有1366处，包括平粜局144处，因利局309处，义当29处，留养所181处，慈幼局56处，粥厂593处，种子借贷所49处，工赈厂所5处，共支出银元89万余元，受惠人数至少24万余人。这些举措，配合官款散放的急、冬、春各赈，终于使广大的灾区“不致有冻饿毙命”之象了。

熊希龄的赈灾还和京郊一带的公共工程结合在一起。凭借督办处、美国红十字会筹拨的26万元以及中法实业银行的25万元借款，熊希龄采取以工代赈的办法，组织灾区大批青壮灾民，修筑了三条马路：一条从北京到通州，命名京通路；一条从北京到西山（今香山），称为京西路；一条从通州到门头沟，几年后，由此接续修至天津，名曰津通路。三条马路修成后，熊希龄依次将其命名为博爱路、仁慈路、德惠路，以示纪念。

不过，在熊希龄看来，救灾济民的长远之计还是办理河工，根治水患。当各项赈灾措施次第展开之际，熊希龄即在天津设立河工工程师讨论会，敦请中外技师每星期讨论一次，各举议案，取长补短，同时又延请本地有经验有学识的乡绅耆老组织河工委员会，研究治河方策，并选派精通测量技术和有经验的河务人员前往京畿各水系进行查勘。首先是恢复原状，即注重堵塞决口、排泄积水、培筑堤土，救水患于目前。其次是兴工增补堤防，浚筑海河流域各河及天津城和租界的围堤，作为“救急工程”。这两项工程，分别于1917年底及次年入夏之前告竣。另外在永定、子牙两河另辟尾闾入海的工程，也在积极的筹划之中。

鉴于海河水系“十余年来河域分裂，河工废弛，滨河各省，不相联络，只图苟安”的现状，熊希龄多次建议北洋政府将事关全国利害的“天然万里之河流”，收归国有，统一治理。1918年3月，在获准将京畿各河防局划归督办指挥的基础上，熊希龄倡议成立了顺直水利委员会，其主要任务就是从根本上解决海河流域的水患问题。

遗憾的是，兵连祸结、政局纷扰的民初社会容不得熊希龄尽心如意地施展自己的抱负，其“督办”之际总是“阻力横生，办事掣肘”，这种阻力又恰恰是赋予其督办权力的最高当局。1918 年 3 月初，国务会议原已允诺熊希龄从整顿盐务余款中拨出 120 万两作为河工工赈款项，然而未及 10 天，国务会议又将其全部改拨为“参战经费”。诸如此类，不一而足，熊希龄终于忍无可忍，愤而以辞职相抗议。

卵覆于这个政府之下的基层政权的腐败也常常使救灾的实效大打折扣。这年隆冬腊月，直隶磁县北乡赵拨庄村民好不容易领到一些赈款，却又被该村村正何庭佐和地甲何广恢复以差徭为名勒夺而去。调查结果如下：

> 灾民韩天佐亲领铜元 229 枚，给还差粮钱 15 枚；何有祥领 86 枚，给还 10 枚；陈中和领 129 枚，给还 15 枚；申学礼领 86 枚，给还 20 枚；申兆付领 86 枚，给还 10 枚；申石氏领 215 枚，给还 10 枚；申近修领 64 枚，给还 10 枚；申成妮领 215 枚，给还 20 枚；代王付春领 64 枚，扣回 20 枚。统共灾民 9 人收取铜元 130 枚。

对于水淹及颈的灾民来说，这 130 枚铜元的效用岂是其面值可以表示的。

五　北国浩劫

——1920 年华北大饥荒

即便是对那些比较熟悉中国近代历史的人来说，1920 年似乎也是一个殊无称道的平淡年景。然而翻开这段看起来平常的历史，却凝聚了中国北部辽阔旱区内 3000 万灾民的血泪，其中 50 万人付出了生命。作为近代中国人民绵延不绝的苦难链条中巨大而沉重的一环，人们不应该忘却。

噩梦今又来

大量的研究表明，20 世纪 20 年代是中国当代气候变暖的起点，整个 20 ~ 40 年代是近百年来的最暖时期，全国年平均气温上升了 0.6 ~ 0.7℃。与此同时，干旱指数也从 20 年代初开始迅速增长，而且具有明显的突变性质。这一点从梅雨期雨量的变化中可以看得很清楚，因为正是在 1909 年、1919 年，梅雨的持续期分别达到 20 世纪前半期的最高峰（平均 38 天）和次高峰（平均为 28 天），30 年代缩短到 25 天左右，梅雨期雨量显著减少。

一般来说，气候的变暖对中国大部分地区特别是北方地区的农业生产往往利弊参半，气候的干旱化趋势有百害而无一利。1920 年发生在中国北方地区的特大旱荒，就是这样一个特大旱期降临的最显著的标志。著名的华洋义赈团体“北京国际统一救灾总会”在这一年的救灾总报告中称：“此次灾荒最近原因，为 1920 年秋收前已一年无雨是也。”

巧合的是，这一次大旱，在许多方面，又和 40 年前造成中国北部 1300 多万人死亡的“丁戊奇荒”有着惊人的相似之处。首先是灾荒覆盖的范围大致吻合。其重灾区域，东起海岱，西达关陇，南至襄淮，北抵京畿，包括今河北、山东、河南、山西、陕西等省的广大地区。其次是灾荒形成的自然因素大同小异，持续的亢旱之外，蝗、雹、水、疫交相叠乘。更具巧合的，则是旱灾之外还伴有强烈的大地震，而发生的时间都是在旱荒持续的过程中，发生的地点也都是在以甘肃为中心的广大西北地区。可以说，40 年前那一场触目惊心、悲惨绝伦的社会大悲剧，在40年后作了一次历史性的重演。时人也把这次旱灾看成是“四十年未有的奇荒”。

虽然由于统计数字的缺乏或不一致，如关于受灾县至少就有340、325及317个三种说法，各家估计的灾民数也从2000万、3000万到4000万、5000万不等，以致后人对旱灾的确切规模难以知晓，但借助于时人的采访、调查和观察，我们还是可以对旱灾的具体情况有一个大致的印象。

这年暑天，陕西旅京学生、后来的著名地质学家杨钟健先生回乡探亲，结果却被路途所经直、鲁、豫、陕四省大旱奇荒震惊了。在他的家乡华县，“附近各地都是苦旱非常，乡人每天祈神求雨的，日有数起，连华县的知事，省城的督军也都祈起雨来了。幸到8月初旬和中旬连下了几场雨，但是秋禾已大半枯死了”。而“潼关以东，则亢旱犹昔。大路上尘土盈天，田野一片赤土，人民嗟怨”。

河南的旱情更加严重。全省除豫南东部的几个县还有点收成外，其余各地大都四望无垠，一片赤地。不仅秋麦一点未收，秋禾也几乎全数枯死。各村庄的农民，没有不祈雨的，因为担心神灵不信他们的真心，于是“有赤腿跪火链子的，有把香烧在火药包里，自己跪到旁边烧死的，有说某某坟里的死尸成魃，将其坟墓打开暴露其骨骸的”，无所不有。

相比之下，40年前受灾最重的山西省，这一次的灾情相对较轻，但由于春夏久旱不雨，也是“禾苗盈尺”“蔓草同枯”。灾情较重的安邑、芮城、新绛、夏县、稷山、河津、荣河、虞乡等8县，“每亩收麦一斗四五升不等，秋季粒米未收”。

从太行山以东到燕山以南，包括京兆区和直隶省在内的畿辅之地，几乎全境皆旱。京兆各县，夏秋两季平均实收只有三四分。直隶省各县二麦实收平均起来尚有五分，但部分地区如宁津、庆云、丰润等24县实收仅一至三分，交河全县“二麦实收不及分”，阜城、衡水两县“二麦均已枯死，实无收”。

山东省的灾情以地瘠民贫的鲁北、鲁西一带最重。约占全省1/4面积的东临道区，亢旱经年，二麦寸粒未获，秋禾收获无望，临清、馆陶等十余县甚至赤地千里，野无青草，其他各县“间有播种植苗之田”，可是因为“深秋落雨，种植逾期”，蝗虫、冰雹又纷至沓来，很难指望有多大的收成。

饥荒众生相

旱灾的延展意味着灾民生活状况的不断恶化。他们“始则采摘树叶，掺杂粗粮以为食；继则剥掘草根树皮，和秕糠以为生”。北京国际统一救灾总会曾经在部分灾区逐户调查灾民的食物，调查结果如下：

> 糠杂以麦叶，地下落叶制成之粉，花子，漂布用之土，凤尾松芽，玉蜀黍心，红金菜（野菜所蒸之饼），锯屑，苏，有毒树豆，高粱皮，棉种子，榆皮，树叶花粉，大豆饼（极不适口），落花生壳，甘诸葛研粉（视为美味），树根，石捣之成末以取出其最细之粉。

稍有资产的民户则纷纷卖房、卖田、卖牲口，以求一饱，但在粮食短缺、粮价飞涨的情况下，各物其价大跌，因而不仅不能苟存一息，反而无端地蒙受了巨大的损失。在河北束鹿一带，大旱前每亩地值大洋30元，旱灾期间只卖铜钱数百枚，仅能购买一斗多一点粮食。在河南新乡、安阳等县，旱前每头骡可卖一百四五十串，每头牛百余串，驴四五十串，饥荒时则只值八九元甚至一元左右，而且往往无人问津。北京《益世报》曾载有这样一件事：

> 安阳北乡有人卖牛，将牛卖与屠户，得洋2

> 元。回家后人均责其不应卖与屠户。卖牛者复到城内将牛牵回，途中向牛言曰：我若将你卖与屠户，自问殊觉不忍，若将你带回，我自己尚不能糊口，何能养你？遂将笼绳等物解下，纵之使去曰：咱两个各逃性命吧。你若走投无路，与我毫无相干。言讫哭去。

卖光了田产房屋，就开始卖妻鬻子。在直隶省大名道所属各县，由于许多中户人家竞相求售，“青春少妇，十龄幼娃，代价不及十元”。有的地方则“计岁给价”，“15至20许之少女，每岁1元，15岁以下每口三五元，5岁以下且无买主，襁负不胜，竟有投诸河者”。

河南安阳一带还出现一种奇特的“卖女之法”，“大致每斤合制钱100文上下，每大洋1元合十四五斤，妇女以80斤计，女子以70斤计”，可谓骇人听闻。据记载，邯郸县一个人口不足250人的张广村，被卖的幼童就有四五十人；而顺德府则有25443名幼童被出卖，有的做奴婢，有的为姬妾，有的转入城市沦为娼妓。山东不少地方的农民因为“无力养子”，只好将他们“投诸井中”，陵县附近的水井，差不多都塞满了。

“走四方”，对于那些在灾荒打击之下不甘困守待毙的灾民来说，总是有着巨大的诱惑力。特别是在本年七八月间秋收失望之后，外逃的人群更是不绝于途，许多地区十室九空、满村萧疏。这些灾民流徙的方向，大致是以灾重之区为中心向四周辐散，或东进、南下至苏皖襄楚（主要是河南省灾民）；或西进川甘，甚至远奔新疆（主要是陕西灾民）；或北上走口闯关至东北内蒙古一带（主要是直隶、山东灾民）。尤其是“走关东”，虽然从清初以来即已绵延不绝，但也只是到了1920年才进入一个新的时期。因为正是在这两年，迁入东北的流民数量连续突破了10万、30万大关。《海关十年报告》因此称之为“人类有史以来最大的人口移动之一”。

此时，纵横于华北地区的几条铁路，给灾民们这种避难求生的原始迁徙带上了时代色彩。京汉、津浦、京奉及京绥、陇海各路站及沿线，无不麇集着大量的饥民，“或为有意远行，或竟就食不去，沿途络绎，所至成群”。在京汉铁路——

> 火车到站，万籁齐鸣，前拥后挤，何止千百，一齐手伸车中，向搭客要钱。有得物转向他处去的；有要不出来，仍伸着手仰着面口里喊

着跑往别处的；还有东西乱跑再找不到慈善大家在什么地方的。及至呜呜一声，万声顿寂。无所得的人，便放声哭泣，种种惨状，耳不忍闻，目不忍睹。

由于此次灾荒持续的时间比“丁戊奇荒”相对而言要短，这年冬季北方大部分地区又“和暖不寒”，“致死于寒冻者减其数”，加上铁路的修建，使粮食运输较为便利，各种慈善机构的救灾活动也得以较快地进行，因此，在这次灾荒中死亡的人数较之40年前是大大地减少了，但至少也在50万人左右。若是具体地揭示灾重之时重灾区奄奄一息的灾民因饥就毙的凶猛势头，更是惊心动魄。在直隶顺德府，近11万居民中，有31286人冻饿而死。拥有50万人口的定州在这年冬季的三个星期间，每星期平均饿死110人，“且有增加之势”。陕西省入冬以后，道馑相望，死亡之数，日以千计。河南禹县第二年春间饿殍满野，每天死亡的不下200人。淅川从农历十一月十二日到十二月二十六日，44天之内饿死饥民近2500名。来自当地的一篇报道描写了令人触目惊心的一幕：

死之情形，不外下述数端：无衣无食经雪冻

死者有之，冷灶无烟合门听死者有之，食秕谷糠结死者有之，食茨梅果肿死者有之，食棉花子榆树皮色瘦黄死者有之，食麻子叶桐树皮毒发病死者有之；有家长见无生路悬梁自缢者，有数日吃食不得刎喉自尽者，有仰不能子俯不能蓄合门饮鸩者；有采食麦禾豆苗死于田而手尚握其物，有行乞讨饭饿死于野而犬已啮其尸；死城镇有家掩埋，死鄙乡无人过问。总之死不一也，其为无食而饿死，则一也。

不少地区久旱之后继以瘟疫，因疫而亡者为数甚多。山东灾区入秋之后，即“有发现疫病之处，死亡枕藉，逃生无所”。河南省被旱县份中有 8 县流行霍乱等时疫，济源县 9 月中旬“疫痢大发，死者约五千余人，户尸遍野，豺狼满道，几成禽兽世界”。京汉线由保定至琉璃河沿铁路一带，霍乱盛行，“死者比比”。

军阀重开战

“大兵”与“大灾”紧密关联，自从 1916 年袁世凯帝制复辟失败以后，大小军阀的厮杀与火并一年也没有停止过，战争一年凶似一年，战区一次大似一次。到1920年，5年间战区所及共有32个省区，其战争动员指数若以1917年为100，则1918年为181，1920年为218。北方各省作为南北军阀纵横捭阖的主要战区之一，备受蹂躏。自1917年10月至1919年3月，地处西北西南交通要冲的陕西省几乎无时无地不被笼罩在南北军阀攻城略地的战火之中，总计“南北主客驻陕军约13万，八省之兵，合数省之匪，星罗棋布于关内一隅”，致使“所经市圜，比户墟落断烟”，而“西路尤甚”，陕南亦“收括无遗，陕北则糜烂殆尽”。

一波未平，一波又起。1920年7月，长夏炎炎、赤地千里的北国大地又重起战云。北洋军阀内部的直系军阀，联合奉系军阀，向控制北京政权的皖系军阀发起大规模的直皖之战，战线西越京汉线，东至京奉线，主要集中于京畿地区，并旁及山东、河南等大片地区。天灾与战祸双管齐下，北方人民雪上加霜。京南各村，“适在火线之中，房屋早化灰烬，流离失所，无家可归。其不在战线范围以内者，如京城四周各乡镇，亦备受败兵之蹂躏，虽居室未遭焚烧，而牛羊杂物，则皆化为乌有”。山东的德县、陵县、平原、恩县、禹城诸县不但“战线以内，几尽焦土，即兵车所至，亦鸡犬一空，延袤数百里，村舍荡然，流离载道”。河南西部19县则“西北军（时与皖军联盟）蹂躏于前，各军（直、奉军）复防堵于后，此往彼来，将近两月”，致使各县“支应浩繁”，洛阳、偃师等县征粮之外，杂差等项每两银子竟派至十余串或十六八串，民间被搜刮一空。由于两军对峙，全境土匪乘机蜂起，大肆焚掠。“六七月后，有溃兵加入匪阵，匪徒又皆利器，势焰大涨”，在洛阳，抢掠之案，每天不下数十起，或百余起；在偃师，有300多村庄惨遭劫难；在嵩县，“被烧者约计一百数十村，焚房约计三千数百间，伤人无算”。为此，豫西旅京救济会在其《豫西灾情报告书》中悲愤地写道：

> 人民不死于荒，即死于匪；不死于匪，亦死于兵差矣。

直皖战争结束之后，新由直、奉军阀共同控制的北京政府开始作出轸恤民艰的姿态，陆续采取了若干救灾措施。一面在北京设立督办赈务处（隶属于内务部），作为各省灾赈最高领导机关，并遣派专员分赴各被灾省份会办赈务，一面又筹款运粮，先后举办急赈、工赈、平粜、粥厂等救灾事宜。至次年夏秋之际赈务结束后，北洋政府通过内外举债、东挪西借，共支出赈款约 11337751 元（其中包括以海关附加税作抵押向英、美、日、法四国银行团借外债 400 万元，以常关附加税为本金发行赈灾公债实支 1989000 元，交通部加征邮政、电报及铁路等各项附捐 3842510 元，募捐 1516241 元）。应该说这是一笔相当可观的数字，但是对于辽阔的灾区来说，毕竟还是杯水车薪。即以北京国际统一救灾总会对北五省应需赈款最保守的估计数 1.2 亿元的标准来衡量，并假设这笔钱能全部用于荒政，不打折扣，也只能拯救 1/10 的灾民。何况这笔赈款绝大部分是到了第二年春天才陆续发往灾区的，而在此之前，中国北部在延绵的战火和持续的天灾双重打击之下早已是流离四野、饿殍塞途了。姗姗而来的“仁恩善政”，仿佛是几十万饿殍的祭品点缀于茫茫荒原之上。

就地方情形而论，虽然北京政府一再以“大总统”的名义发号施令，督饬各属救灾安民，但此时的北京政府已远非昔日的专制政权可比，在拥兵自重、割据称雄的各督军眼中，这些政令不过是一纸空文。就是各省地方政权内部，也因各派系之间的弄权斗法而纷乱扰攘、动荡不安，因而对于救灾一事敷衍塞责，或一筹莫展，或漠不关心，整个救荒机制实际上已无法运作。例如陕西当局，因“内部四分五裂，统驭无力，遂专注精神于巩固势位之一途，早置小民生死于不顾。省城虽立有赈抚局，按之实际，直等虚设”。1921年9月4日《申报》载文揭露说，这些“赈抚局人员，只知抽大烟，叉麻雀，吃花酒”，当华洋义赈会前来查灾时，从县知事到道尹到督军，竟“都异口同声说陕西没有旱灾”，后经社会各界力争，得到一批赈款，但这些赈款“起先发放的，每名灾民只领到12枚铜元，末后发到县里的，竟被恶绅劣官狼狈的吞没了”。而当时直系首领，后来的“贿选”总统曹琨亦侵吞赈款300余万元。原本有限的赈款，经过大小官吏的层层侵渔，真正实惠及民的已微乎其微。

四分五裂的政局甚至给饥民的逃荒设置了人为的障碍。在铁路线上，外地饥民一旦到境，当地官厅往往禁其下车，迫令返回原处，结果许多灾民因在车站冻馁过久，时有僵毙。受灾较轻的山西省曾经吸引了河南、直隶的一批又一批的饥民前往求食，但都一批又一批地被驻守的士兵挡了回来。有人撰《庚申谣》一首予以讥讽：

逃荒逃荒，适彼晋阳。
守关之卒，戎服荷枪。
曰：奉将军令，奸宄是防。

垒垒乎老弱，
相寻于沟壑，
壮者走而之四方。
同兹戴皇天而履厚土，
此界彼疆。

可以说，军阀割据以及由此产生的频繁不息的战乱、四分五裂的政局以及种种加诸子民百姓的有增无减的差役，是这次灾荒孕育、迸发、蔓延乃至加剧的最大的“人祸”。当初一些人对取代腐败的皖系势力而上台的直系军阀也许还抱有些许期待的心情，但这事实说明那是“跳出了热锅，跳进了火炉”（孙中山语）。

救荒新纪元

当成千上万的北方人民在漫长的死亡线上苦苦挣扎而又无助无望之时，苦难深重的中国确实需要一种新的社会力量、新的救灾组织来代替传统的荒政了。或许正是这一历史的召唤，已经成长起来的中国中产阶级或者说“商民”奋然而起，奔走呼号，并联合国际社会的友好力量，掀起了一场区别于官赈的救荒活动——华洋义赈。

直皖战争硝烟甫散，来自灾区的消息便在当时中外各大新闻媒体的宣传之下流传全国，于是，大大小小的义赈团体应时而生，北京、天津、上海、济南等地的外侨也组织了救济机构。但这些救灾团体各不统属，在散赈过程中往往形成“厚此薄彼，畸重畸轻”的局面。有时为了筹集赈粮，各团体又“聚集一隅竞争，反致物价高腾”，使赈务工作受到影响。有鉴于此，在北京的各大救灾机构的领袖如北五省灾区协济会熊希龄、汪大燮，华北救灾协会梁士诒等遂同外国在华义赈团体反复磋商，决定联合起来，组织统一的赈务领导机关。10 月 6 日，北京国际统一救灾总会宣告成立。该会设有干事团（后称行政委员会），由选举产生的中外代表各半额充任干事或委员，干事团会议设临时主席，由各干事轮流担任，下设调查、卫生、采运、公告、款项五股，处理具体事务。

与此同时，国内其他大中城市如天津、上海、济南、汉口、开封、太原、西安等处，也相继设立了华洋义赈会，并于 11 月间汇集北京召开联席会议，将整个灾区分为若干区域，由与会各团体分别担任各区救济任务。北京国际统一救灾总会除直接担任直隶西部地区的救济外，被各会推为办赈总机关，统一办理宣传、联络、采粮运粮、簿记稽核及卫生防疫等事务。同时还根据灾情状况对部分赈款（如政府委托散放的海关附加税借款400万元）统一分配，并对各会自己支配的款项提供参考意见。这样，全国各地的中外义赈团体便在北京国际统一救灾总会的领导之下联合起来，这对提高赈灾效率、保证赈灾工作正常地运转，无疑是提供了一个较好的组织基础。

北五省赈务结束之后，应社会舆论之要求，北京及各地华洋义赈团体于1921年11月16日成立“中国华洋义赈救灾总会”，作为中国常设性的救灾机关。此后相当长的一段历史时期中，华洋义赈会成了在当时中国颇具声名的一个救灾机构。

随着各地义赈团体的联合，以往募捐散赈的义赈运行机制也得到改进和完善。在募捐方面，一个突出的特点，就是改变了过去单纯依靠名流效应（即所谓“登高一呼，八方响应”）向社会各界募捐集款的办法。而是在此基础上，在全国许多大中城市发起诸如旱灾纪念日、全国急募赈款大会等募捐活动，采取茶话会、演讲会、游艺会或游行集会等形式，动员社会各界的力量，自觉自愿地加入募捐行列，有钱出钱，有力出力，使义赈活动一变而为“平民慈善运动”。在施赈方面，也逐步形成了一套以调查、放赈和稽查为主体的救灾程序。

近代义赈的一个重要原则就是“救人救彻”，即选择灾重之区的极贫灾民，“予以充分的接济，直到他们能获得一次收获，或利用别的方法恢复自给能力为止”。因此，如何确定当赈之人便成为“散赈之先决问题”。当时，各华洋义赈团体于赈灾之前均首先派遣大批调查员分赴灾区调查灾情。首先是对灾区进行综合性的整体调查，诸如灾区地点、受灾面积及灾民数目、收获状况、生活状况、牲畜损失、灾民迁徙情形、农商学校现状、地方政府或私人团体救灾现状等方面，由各调查员加以搜集，并提出筹赈办法，汇交负责机关，以便其根据各地灾情的轻重缓急，确立散赈地区、种类、数额及散赈人数和委托机关。

下一步就是对应赈地区挨村挨户逐一仔细调查，确定应赈户口。赈放之时或赈毕之后，各负责机关再另派稽查人员分赴散赈地区核查，包括“（散赈）报告消息是否确实以及关于散赈有无滥赈及侵吞等弊”。为了便于稽查，散赈人员或由其委托的散赈机关应将散放结果包括受赈户名、人数、标准、数额，由村正副出具保证，榜列村门，而后将散赈表册送交总会存案，并随时报告每次办理情形，由总会编成公报，发布于众。华洋义赈会旨在通过这些程序，防止贪污中饱的现象，确保赈粮、赈款能够发到应赈灾民手中。

在救灾过程中，各地华洋义赈会还吸取了过去“以赈粮一次发放而于数日内告罄，（灾民）又被饥饿”的教训，在散放赈灾谷物时大都改变“一赈即收”的方法，对应赈饥民依次采取急赈、冬赈、春赈三种方式，急赈以救其燃眉之急，冬赈以助其抗御严冬，春赈以济其青黄不接之时，并且每月按规定时间散放一次或两次，按部就班，赓续相接，尽可能保证灾民度过漫长的荒期。

与此同时，大多数义赈机构还因地制宜，采取其他相应的措施，如发放籽种，设立难民收容所及粥厂，防治疫病，收养婴幼儿童，实行以工代赈等。尤其是以工代赈，被当作“最合科学原则及最适于实用之救灾方法”备受重视。它是由棉纺织业企业家组成的北方工赈协会在一份函电中提出来的，它把“急赈”与“工赈”明确区分开来，“为一时救急计，则以急赈为宜，若为增进社会生产力及铲除灾源并筹各地永久福利计，则工赈实为当务之急”。因此，各处华洋义赈团体只要在条件许可之下无不着力实施工赈。从现有的材料来看，它主要包括以下几个方面。

（一）设立实业学校或灾民工厂，组织极、次贫之妇女从事发网、草编、被褥及其他物品制造等，扶持农村手工业，帮助灾民“自为工作以维持其家计”；

（二）发动工矿农垦等各方面实业家，增加资本，招募灾民，仅北京国际统一救灾总会即先后介绍直隶西部13561人进入各地工厂做工；

（三）植树造林，改善植被环境；

（四）兴工筑路，开河修渠，改良灾区的水利设施和交通条件。

据统计，在这次救灾活动中，各华洋义赈团体共筹得赈款17358633元，支出赈款15230787元，救济灾民773万余人，占全部灾民1/4以上。这样的成就，不仅为以往的义赈活动所不曾企及，就是在旧中国的荒政史上也是荦荦可数的，尤其是在一个政治分裂、干戈扰攘、社会动荡、经济凋敝的黑暗历史时代，就更显得难能可贵了。

更重要的是，这次救灾活动并不仅仅是以保全民命为目的，“此次救灾之特质，不仅苟免生命之损失，而实进步而增进建设之宏业”，而是通过以工代赈的举措，把救急治标的赈济之举与防灾治本的地方建设结合起来，从根本上提高中国农民的减灾能力。虽然由于当时刻不容缓的危急之势，使得这些措施并没有能够取代以谷物散放为主的直接救济而占据主导地位，但其作用已相当突出和显著，并从此奠定了华洋义赈会未来救灾事业的方向。

六　在山走动的地方

——1920年甘肃大地震

山峰在夜幕下移动，山崩如瀑布般一泻而下，巨大的地裂吞没了房屋、驼队，村庄在一片起伏松软的土海中消失得无影无踪。这就是1920年12月16日深夜发生在中国甘肃的大地震中的一些景象。

这次地震的波及范围，东西约100里，南北约300里，包括10个大城市及无以数计的村庄，处于黄土高原的中心。那里的土壤是黏土和粉状石英岩的混合物，土性松散。在深厚的黄土层下，一旦发生岩石滑动，地层表面就会发生难以置信的震荡，而且如同马戏团中的软体舞蹈师一样，任意地翻转肢体。亲历此境的人都有一种怪异的感觉，以为自己身处一个正在形成中的星球之上。

1920年11～12月，全世界都遭受了一系列震级强烈的地震打击，然而，最骇人听闻的当属这一次。这也是人类有史以来最恐怖的灾难之一。

甘肃虽然有现代化的电报设施，可是详细的情况却从未通过电报线传送出来。地震发生后，当地人极度恐慌，少数外籍居民忙于救济，根本没有时间来描述这些狂舞的山峰和转瞬即逝的峡谷。在已经发生的灾难中，有关这次地震的报道可能是最少的。

最早的报道来自约瑟夫·W.霍尔先生（Mr. Josel W Hall，即 Upton Close），他受国际救灾委员会的赞助，于 1921 年 3 月前往甘肃考察。通过他的大量报道，中国首都的官员和沿海城市的人们，才了解到在中国的边疆省份甘肃到底发生了什么。

就像罗马历史学家讲述庞贝城不可思议地消逝那样，前往灾区的考察者们这样描述了他们的所见所闻。

长期受阻的灾情报道

边远地区所发生的地震不能不引起人们的关注。尽管同时发生在智利和塞尔瓦多的地震、雅浦岛的海啸、日本的火山喷发都已成为历史，但甘肃地震仍然是鲜为人知的新闻。

甘肃位于陕西省西，四川省西北，东接河套平原，北连外蒙古，西邻新疆，南毗西藏。这是一个充满各色人种和宗教利害冲突的敏感地区，各种势力在此交汇，各色人种在此杂居，有信奉佛教的西藏人、蒙古人，信奉伊斯兰教的汉人，其中包括一部分高加索人以及“大教堂”里的普通中国人。

假如地震波及几百里外东西南北各个方向的话，人员伤亡或许是微乎其微的，但它选择了农业最发达的地区，并对此地区进行了毁灭性的打击，灾情便可想而知。受灾地区的南半部分，梯田广布，人口稠密；而北半部，虽然主要是杳无人迹的牧场，但其中几个最大的伊斯兰教城市，却被夷为平地。

尽管甘肃人口密度不及山东或东部平原省份的1/10，但在山崩、滑坡、窑洞塌方及房屋倒塌中丧生的人数，加上严冬时无家可归冻馁而死的，据官方统计为20万人，而据外籍调查员的估计，则多达30万人。

1921年3月6日，国际联合赈灾委员会北京分会的牧师约翰·海斯和霍尔先生，乘火车抵达铁路尽头河南省的观音堂，继而从此地沿着古代的御道从陕西到达甘肃，然后穿过甘肃边境的泾州，直抵甘肃省平凉。

他们进入陕西省后，在离河南边境不远的华山脚下，发现了第一处遭地震破坏的痕迹，那是在华阴庙的古老的匾额上。

在陕西省的首府西安府，有些房屋遭到破坏，但没有人员伤亡。从西安府到平凉，沿路零星可见地震破坏的痕迹。

在静宁和平凉附近海拔五六千英尺的地方，窑洞大多塌方，许多世代居住在窑洞里的农民因此丧生。拴在马厩里的牛马和其他牲畜，随他们的主人一起被活埋，无一幸免。

过了平凉，考察者们发现，他们来到了遭地震毁灭性打击的地带。在此，城镇和村庄无一例外惨遭毁坏，人员死伤惨重，所有房屋建筑物都被夷为平地。

公路在瓦亭分岔，一段向北到固原——黄河沿岸的伊斯兰教民生活区，另一条向西到兰州府和塔克斯坦。在那里，他们第一次拍摄到了成为废墟的城镇的照片。接着他们沿公路向西前往省会兰州府。很快就开始攀登六盘山，越往上爬，地震的痕迹越不明显，接着他们从西路下山，到达山脚的黄土地时，一路上触目皆见地震后的惨象。

神的脚印

受大地震严重影响的地区在渭河和黄河之间呈椭

圆形地带，长 170 里，宽 150 里。这一地区有两种不同的地质构造，至少从地表上看是这样的，因此增加了灾情的复杂性和严重性。

除去东边自北向南横切的陡峭山区，在这个椭圆形地带的南半部分，即从渭河北岸一直延伸到固原的广大地区，是黄土区的一部分。这个黄土区就是横亘在河南和西藏之间的广大地区。

就在这一黄土区内，有梯田的山区发生了巨大的滑坡。它吞没了无数的村庄，它也覆盖了肥沃的平原以及谷底开垦出来的农田，它还淤塞了河床，将山谷变成了湖泊。所有这些令人难以置信的变化，都被当地人叫作“神的脚印”。

尽管方言俚语中没有与“landslide”（山崩）一词相对应的专业技术性术语，但睿智的中国人还是发明了他们自己的语言，这就是短语“山走了”。

在考察途中，霍尔先生和他的同伴曾经发现这样一个令人惊奇的现象：一整座山滑入山谷，而山上的庙宇却安然无恙。他们同时还发现一条公路在滑坡中心地区行进了 375 米，而道旁的白杨树竟然丝毫没有损毁，就连树杈上的鸟巢也毫发未伤，这简直是奇迹！另有一位当地农民，清晨梦醒后大吃一惊，原来从窗口看出去，只见一座高山居然移到他的家门口，而且就在他的茅屋前几尺远的地方停下了“脚步”！

在另外一个村子里，只有一对年届七十的老夫妻劫后余生。他们之所以能够免于一死，只是因为极不孝顺的儿子将他们遗弃在远离村子的一座破房子里。地震时，整个村子被山崩埋没，他们的儿孙无一幸免。邻村的幸存者闻听此事，都认为这是上天对那些不尽孝道的儿孙们的惩罚。

静宁市地震之后，人们发现他们的最高长官在被毁的衙门之上，搭起了一个帐篷住在那里。城中，两位美籍女传教士住在一间茅舍里，黄土地面，茅草屋顶，破旧得让那些“养尊处优”的牲畜们都嗤之以鼻。尽管当地政府给他们提供了较好的食宿条件，但传教士们断然拒绝了，他们更乐意与当地灾民同甘共苦。

此地最惊心动魄的景象发生在死亡之谷。在那里，七次大的滑坡冲进山间3里长的峡谷中，夺走了峡谷中所有活物的性命，除了三个男人和两只狗。

幸存者被转移出山崩严重的峡谷时，又目睹了两次大滑坡的全过程。只见巨大的旋涡在旋转，飞快地奔向另一山坡。霎时，房屋、果园、碾谷场，以及农夫们辛勤地开垦出的新土地，都被它无情地踩在脚下。

公路旁有个小镇，两个赶路人恰巧在地震的当天晚上投宿于此地的旅店里。灾难降临后，惊慌失措的店主把他的两位客人忘得干干净净，自个儿逃命去了。直到七天以后，他才恍然想起，于是回转店中，费了好大的劲挖掘，才使得房屋重见天日。而那两个客人居然还活着，可他们早已被地震弄得晕头转向，全然不知所发生的事情，只是觉得和往常一样，美美地睡了一觉。店主见他们无恙，也不管他们如何抗议，执意要收七天的房钱。

山走了

走过地震破坏最严重的两个城市——隆德和静宁，霍尔先生一行来到了“山走动”的地方。

沿着西安府—兰州府—塔克斯坦公路，他们从静宁正西就开始顺着一个陡峭的小河溯流而上。走着走着，只见约有 125 米的公路突然消逝了，断口似斧削一般，只留下路旁长了 50 年的杨柳和三角叶柳，而部分杨树也被连根拔起，横七竖八地躺在沟边，像哨兵在哨所被袭击一样。公路已被 60 英尺的沟壑所冲断。

公路附近有一村庄，村里的水井也被这个沟壑所吞噬。当地村民无奈，只能到村南 1 里外的一个湖里去打水，而这个湖就是地震中在山谷中心刚刚形成的。山谷中有一条河，地震时，两岸出现滑坡，将两端河口堵住，形成了一个湖。霍尔先生踏着断裂的梯田一直走到湖边，终于拍下了几张珍贵的照片。

此地山谷，相距很近，一个连着一个，像一条链子。登上谷与谷中间的分水岭，霍尔被眼前的景象惊呆了：山谷中填满了黄土尘沙和从两侧山上滑落的七块巨大的山石。这个山谷长约 5 里，是遭地震蹂躏的极致而真实的写照。

山谷间塞满了沙石和黄土，连一块小菜园大小的平整土地都找不到，几个村庄被埋在峡谷中。其中有一个“死亡之村”，全村的人都被埋在废墟底下，无一幸免。

孤零零的一座新坟立在废墟和 30 英尺高的峭壁之间，这里埋着几个从废墟里挖出的尸体。因为滑坡切过峭壁，与村庄擦肩而过，故而这个村里的人大都幸免于难。坟堆上竖着一根苇秆，上面悬挂着一张纸，纸上写着“真主安拉！救救你的仆人吧！”很显然，死者是伊斯兰教徒。

山谷中仅有一个男人和他的两个儿子活了下来，这不能不是个奇迹。地震中，他们家并没有被掩埋，而是浮在滑坡的背面被转移到了半里外的山谷中。在那里，两股来自不同方向的土流使他们的家改变了方向。结果，在合力作用下，他们被推进到100多米远的洼地里。

地震时，深处其中的人们对此浑然不知。直到第二天天亮，他们才意识到突然降临的自然灾难是多么可怕。早在12月16日晚8时9分，上海徐家汇天文台由法国制造的地震仪已测出这次地震，果然当天晚上9:30～10:00时，甘肃发生地震，当时人们都已在家安歇，所有的牲畜也在圈中。寒冷的风夹着沙暴，在屋外肆虐，更增添了夜的黑暗。

幸存者们说，当时他们听到了来自地下的怒吼，同时，感觉到大地剧烈地颤抖，他们一会儿被抛向东北方向，猛然间又被狂暴地颠回到西南方。就这样大约持续了半分钟。由于主震之后余震不断，费尽九牛二虎之力，他们在余震间隙挤到已成废墟的家中，等候天明。

天刚蒙蒙亮，他们就爬了出来，发现邻村已经不见了，农田被毁或被埋没，河流淤塞，山上的黄土高过他们的大院，他们惊呼，称此为“走动的山”。

就是在这个死谷，最触目惊心的事情发生了。一条年代久远、路面坚实的官路，居然被硬生生地从中切出两截，连同道路两旁高大的行道树，沿着小山的边缘，滑出了几百码远，而且越过溪床，顺着一个角度被完美无缺地置放在由松软的黄土堆积而成的坡顶上。

在这些震区之间，重建通信系统还需数周时间，这需要重新铺设电报线，并且要将之埋好夯实，以免马及大车从此经过时陷下去。

从这个荒凉的山谷往西，就会进入一个面积更空旷、坡度更缓的马蹄形山谷，穿过这个山谷，绕半个圈到南边，就可返回静宁。

在这两个山谷的交接口，有一个几千人的城镇，叫孙家峡（Swen Family Gap）。镇上1/10的人死于房屋和窑洞的塌陷，另外9/10的人却奇迹般地幸免于难，而这仅仅是因为从山上松动滑落的两大块黄土不可思议地停了下来，悬在村子上方。哪怕再有半秒钟的震动，它们就会不费吹灰之力将全镇人砸死。第三个土块，从村庄对面的山上滑落至谷地，越过河床，堆成了一座新的土山，毗邻那个村子，距离之近，足够作围墙了。

通过这个稍大的峡谷，沿路经过了三个湖，这三个湖是五块巨大的滑坡阻塞了河道形成的。

这些滑坡所形成的凹地开口处都宽约1里，又向后往山里延伸了 1 里，凹处的沙土足够用来填满整个谷底，其中一些好像是用一把巨大的泥瓦刀统一做出来的，而另外一些参差不齐的像是被一个怪兽用锋利的牙齿从山上撕咬下来一样。

每一处滑坡，先是土块松动，一块一块或呈颗粒状从山上掉落下来，紧接着便似瀑布般倾泻而下，形成大大小小的旋涡，然后就形成奔流不息的土流。

这些碎石和谷物混在一起，被土流挟带着冲向半里远的地方，在滑坡的另一边，一个碾谷场，几堆草垛子和一个杏树园，却安然无恙。

圈在栏中的牲畜被埋在地下窒息而死，四肢和头部僵直地前伸着。成群的饿狗游荡在村子周围，把这些牲畜的遗体吃掉，露出地面的有横梁的屋子就成了垒垒墓冢。

造成道路阻塞的两个滑坡，来自山谷的两边，埋没了一个数百人的村庄，将一座又尖又高的黄土山削成一个低矮的表面凸凹不平的小土堆，并将原来肥沃的谷地农田变成数平方里的湖。静宁以北 60 里远，曾发生 3 处严重的滑坡，其中有一处就是著名的马教主被埋惨案的发生地。这也是灾难中最触目惊心的插曲之一。马教主是一位人人皆知的忠诚的穆斯林教徒，当时他和他的 300 名忠实的追随者正秘密集会，准备为抗议非穆斯林教徒的汉民而宣布圣战。不幸的是，就在他们跪拜祈祷时，他们集会的洞穴被可怕的山崩封死了。除了出口处的守望者逃离此劫，捡了条小命外，其余的人都被深埋于洞中。事后尽管回民们在此地费时数月，挖地500米深，仍然没有发现他们的尸体。

震中区见闻

离开静宁地区，霍尔一行向北部进发，到了很远以外的固原。这是地震中最大的废墟城市。他们长途跋涉，穿过震动最剧烈的地带。从这里到黄河沿岸，是禾草丛生的高原地区，这里的牧草几乎可以供应全亚洲的骆驼食用。土壤则全是碱性的，由起伏的黏土和砂砾层组成，其质地虽然比黄土硬一些，不会出现滑坡现象，但如果受到巨大力量的打击，就会像瓷盘那样碎裂。

居民们所住的窑洞，无一例外全都塌方了，没有一块砖头还安放在另一块之上，即使城墙也是如此，就像黑域和海城那样。

霍尔他们到达这一地区后，只见9/10的居民都穿着丧服，环视四周不难发现，这里有许多新建的穆斯林坟地。有一个窑洞村，总共才 80 位居民，就有 60 个被活埋，逃生的 20 人昼夜不停地挖，被挖出来时有一半人还没有断气。在另一个叫杨路湾（Yang Loh-chwang）的小镇，80% 的居民在地震中丧生，镇上还活着的男人已无心去掩埋那些从废墟里挖出的尸体。霍尔他们到达那里时，已是震后三个月了，可是死难者的尸体仍旧横陈街衢，虽已开始腐烂，却无人管顾。

只有高耸的六盘山区，虽然也位于地震带的中心，却因为顶峰有几千尺厚的火山岩覆盖在黄土层之上，所以并没有受到剧烈的震动。地滑现象显然是发生在大平原和黄土层之下的岩层，然后将强度不同的震动传输到地面上来，由于作为缓冲层的土壤特质和黄土层的厚度不一，故而相同的震级在不同的地质条件下，地表面的表现也不一样。因此在六盘山地区，黄土层地下的剧烈震动在火山岩层上表现得不甚明显。

霍尔先生在他的调查报告的末尾这样写道：

几个月来，触目所及，都是灾难后悲惨的景象，等我们到了黄河沿岸，这些才在我们眼前消逝，取而代之的是肥沃的良田，那是勤劳的回民引水灌溉，辛勤耕作换来的！地震的惨象突然消失了，如同我们刚到甘肃边境时突然呈现在我们面前一样！

（本文系据 Upton Close 和 Elise Mccormick 所著《Where the Mountains Walked》一文编译而成，原文载于美国《国家地理杂志》(The National Geographic Magazine）第 12 卷第 5 期，1922 年 5 月）

七　淮域悲歌

——1921 年淮河大水灾

1921 年 8 月的南通，状元实业家张謇正在兴高采烈地为次年举办南通地方自治第二十五年报告会作准备，打算邀请各省、各县、各公司以至英、美、德、法、日、荷、奥等国，选送“农、工、林、矿、商、运物品材料”到南通来陈列展览，满指望可以借此大大显示一下南通地方自治的成绩，同时亦庆祝自己的七十大寿。却不料“大灾横祸，来一打击”。先是飓风暴潮，接着是连续四昼夜的疾风盛雨，恰巧秋潮大汛又汹涌而至，外江内河同时暴涨，泛滥成灾。张謇不得不通告国内外，决定将自治报告会延期召开：

此非常之灾不能御，宁得谓自治，宁堪报告？

在地理位置上，南通处在长江入海口的北岸，但这里的洪涝灾害往往与淮河流域有着不解之缘。这次水灾同样是淮河水灾的一部分，而这一次的淮河水灾又是20世纪该流域历次大洪水中历时最长的一次，让向来“以水利为自治一大事”并以治淮为己任的张謇也感到无可奈何。

大雨大灾

在一封致江苏督军、省长的报灾筹赈函件中，张謇对导致南通一带大水患的天气过程有较详细的说明：

> 溯自7月6、7两日，大雨如注，河水四溢，灾象已见矣。幸时节尚早，积水渐消，已腐之禾苗，犹可补种。及17、18两日，又复大雨，继以海潮，水过洪位，灾出非常。沿河沿海之田亩被灾者，已十之五六；然当时沿江一带，尚可望其丰稔也。不谓8月21、22两日，风雨交作，江海并涨，一切农产，如棉豆禾稻之类，无一不付诸波涛飘没之中。

其实，整个淮河流域差不多都同时处在这一天气过程的控制之下。

据当代水文气象科学工作者的分析，这一年的6月，虽然淮河的下游地区和华北及华南一样，偏旱少雨，但淮河中上游地区却处在多雨区的边缘，降雨量较平常年份多出50毫米以上。

到了7月份，太平洋副热带高压开始不断增强，并向西延伸到沿海大陆。与此同时，西北新疆有冷空气南下入侵，在西安附近生成气旋，向东直贯淮河流域。由于受到副热带高压的阻塞，气旋逗留不前，整个淮河流域因此成为全国雨量最集中的地区，降雨量超过同期平均值100～300毫米。

进入8月份，太平洋副热带高压又向北移动，向西发展，境内大陆低压区则向南移动，向东伸张，两者呈南北交叉之势。于是，在太平洋洋面上先后形成的3次台风便沿着太平洋高压南缘，于7、14、21日在闽、浙沿海登陆，造成闽浙及苏南多雨区，同时与温带气旋相互作用，在淮河流域特别是中下游地区形成多雨天气。据统计，各地雨量均比同期平均值超过200～300毫米。

因此，淮河流域的大部分地区在这一年的夏秋之际经历了至少两个月的持续阴雨、暴雨天气，有的甚至长达3个月。总计淮河流域6～8月的降雨量，超过了全年的平均数。在各地的文献资料中，诸如“大雨数月”一类的记载俯拾皆是：

许昌：六、七、八等月（农历，下同）大水，连阴七十余日；

信阳：五月至七月底淫雨；

确山：淫雨百余日；

灵壁：五月至八月间，大雨；

泗县、五河、淮远：五至九月间淫雨；

单县：自五月晦日至八月十五日，大淫雨八十余日；

东阿：夏，淫雨三月；

滕县：大雨五十余日。

这年10月8日，上海《民国日报》的记者对河南的降雨天气也有如下报道：

豫省自阴历五月底，即阴雨连绵，直至中秋后，始稍放晴，约计此八十余日中，不雨者仅三数日。雨量之大，为近五十年中所仅见。

在一个举国闻名的“大雨大灾，小雨小灾，无雨旱灾”的灾害地带，如此罕见的降水量自然也会带来相应级别的洪涝灾害了。无论是亲历身受的张謇，还是近代中国另一位著名的水利专家李仪祉先生，都把这次大洪水看作是淮河流域“百数十年所未有”的“剧烈水灾”，或者是“非隔百年以上所不轻见者”。从以下来自官方的有关鲁、苏、豫、皖四省灾情的不完全统计中，亦可略见一斑：

灾民总数：7661965 人；

死亡人数：24891 人；

淹没田地：49029680 亩；

禾稼损失：32673101 石；

房屋毁坏：880698 间；

牲畜死亡：232311 头；

损失总值：213583474 元。

悲淮民

笼罩在淮河流域的多雨区既然首先集中于上中游地区，继而自西向东横贯而行，同时向北移动，向南扩散，覆盖整个流域，这一年的洪水也相应地呈现出由上游、中游向下游蔓延，终至全流域泛滥的态势。

从河南的桐柏山到豫皖交界的洪河口，淮河上游的干流河段主要穿行于丘陵和岗谷之间，通常年份为患不大。但沿途汇入的南侧各支流及洪汝河等，系发育于山地或山前倾斜平原，河床坡度大，水流急，一入汛期，每每山洪暴发，泛滥成灾。干流北侧的沙颍河、涡河、沱河等支流，则经行于豫东平原，然后经安徽境内汇入淮河中游。这里河道窄，河床浅，比降小，河流排泄不畅，即便是寻常降雨年份，亦往往积涝不退。所以，在 1921 年夏秋之际，在持续两三个月的阴雨、暴雨天气中，豫南、豫东各县洪水横流，庐舍荡然，也就在所难免了。

信阳是豫南遭灾最重的县份。境内小沙河因大雨倾盆，水势陡涨，沿岸数十里内 100 余村庄被洪水冲毁，人口牲畜淹毙无数，财物米粮漂没一空。县城城墙也崩溃数十丈，压毙数十人。

豫东各县水灾更加严重。在郾城、西华两县交界处，由于颍河暴涨成灾，上、下游的居民为防堵水患甚至发生械斗，结果打伤数十人，打死六七人。一直到次年 3 月 20 日，这一带水灾的惨况还牵挂着《申报》记者的笔触——

旧腊秋冬，东属淫雨为灾，为期两月，淤河横汛，各属平地水深数尺，舟楫四达，浩如湖

> 海。顷者水势犹在，田禾漂没，房屋倾倒，除高地秫粮尚可收十分一外，余则籽粒毫无。树叶草根，剥掘殆尽。灾民昼无所食，有杀子做餐飧者；夜无所宿，有全家溺水者。嗷嗷遍野，数达三十余万。

从豫东平原往西往南，到洪泽湖以东，地处淮河中游，被称为淮北平原的广大地区，同样发生了“极猛烈之大水”。这里狂风暴雨，昼夜不息，洪水奔腾灌注，势如建瓴，干流河段及淝河、濉河各支流一时间骤涨横溢，决堤穿坝，房屋倒塌，人畜溺毙，树木摧折，财物漂流，平地水深数尺至丈余不等，皖北10余县以及鲁西的曹、单，江苏的萧、沛等地，无不淹浸在洪涛浊流之中。在颍州府，城内大部分房屋被洪水淹没；在阜阳，“水灌城中，街衢为之不通，城外一望无际，周围数百里悉成泽国”；在蚌埠，街道可以行舟，龙山湖至母河口一带数百里之遥，水深数尺；在亳州，大水蔓延130里，仅第十五区，无家可归的就有10余万人。就连地势极高的宿县县城，竟也“水通城门，浸浸灌入关厢，居民逃避一空。铁道崩毁，城垣崩陷，惨祸奇灾，为数百年所仅见者”。

洪泽湖以下到入江口，是淮河的下游。淮水主要从洪泽湖南端的三河口经宝应、高邮、邵伯诸湖南下与里运河交汇，至三江营入长江。新中国建立以后对这些河段多次整治，使流程由以往的185公里缩短至150公里，泄洪能力也大大提高了。此外还在新中国建立之初开挖了一条人工入海水道工程，分流入海，遇特大洪水时，通过新沂河也可将淮河干流的洪水泄入黄海，而通过江都水利枢纽，又可将积存在里下湖地区的涝水排入长江。

然而当年的淮河下游，却是另一番模样，下游河床竟然高于中游河床，河床比降明显倒置。据研究，淮河干流自寿县一带至五河三四百华里之间，河床比降几乎为零；自五河至盱眙，干流河床不仅没有下降，反而渐次抬高约5尺许；从盱眙到洪泽湖，又再次抬高2尺许，以致洪泽湖底竟然比五河的淮底高出5丈多。上中游洪水排泄无路，只能汇聚于洪泽湖，然后由此寻路入江出海。由此，淮河的命运即与长江息息相通了。如江水低落，则壅积于洪泽湖的洪水尚可宣泄而下，若江潮顶托，江淮并涨，沿江、沿运一带自然要大祸临头。所谓“祸不单行”，1921年的淮河大水正是发生在这种种不利因素之上。张謇的分析至为明了：

本年之水为百数十年所未有，致灾之原，则上游东、豫、皖并以久阴积涝，大水倾注。而洪泽、高宝诸湖底并淤垫，高于四十年前五、六、七、八尺不等。水无回旋停潴之区，不得不泛滥为害。淮、沂、泗分泻入海之路浅涩不畅，致全流十分之八入江，江又同时并涨顶托。积此各因，乃成巨灾。

到9月份，江苏运河一带水势浩大，运堤迭溃。在江苏运河工程局督办张謇的主持下，不得已先后开启了归海三坝。其间的惊心动魄之情让这位当事人终生难忘。他在自订年谱中写道：

先自（农历）七月十九日开车逻坝，二十一日开新坝，二十三日开南关坝三口，共广一百九十六丈，泄水流量每秒钟已四千余立方尺，下七县已成泽国，极目无际。高宝城人复请开昭关坝，下七县守坝之人五六千，卧坝上以死争。余至，告以当开否，须周视八县，权衡之轻重大小缓急，不能即许不开。既入高邮，则沿堤要求开坝者殆万人。至承天寺，则人围寺数匝，分起迭进，是非得请不已。

从这种成千上万的群众为求取生存而拼死相争的场面，即可想象苏北一带灾情之惨重。虽然昭关坝在张謇的坚持下终于未开，但里下河各县却是“平地水深五六七尺，势已滔天”了。清人的一首《避水词》也可以用来描绘此地此时无数灾民的处境了：

一夜飞符开五坝，
朝来屋上已牵船。
田舍漂沉已可哀，
中流往往见残骸。

“复淮”“导淮”

事实上，长约1000公里的淮河，和位于其南北的长江、黄河一样，在古代曾经直通大海。那时，文献中不但少有水旱灾害的记载，相反却流传着“走千走万，不如淮河两岸”的赞美之词。

12世纪以后，黄河屡屡南下夺淮，黄水漫卷沙颍河以东的淮北平原，淤沙堵塞了淮河的入海尾闾，把淮河中下游的洼地，变成了大大小小的湖泊。年深日久，淮河下游故道被淤成地上河，中下游河床比降倒置的情况愈益严重，无处宣泄的洪水只能另寻通道。后来的入江之道，就是在1851年因洪水冲决洪泽湖改道而成的。

1855年，黄河在河南铜瓦厢决口，改道由山东入海，长达700多年的黄河夺淮的历史终于结束了。但淮河流域的生态环境毕竟遭到了毁灭性的破坏，流沙层积，地貌变异，水系紊乱，河道淤塞，淮域诸水入海无路，入江不畅，变成了一条名闻于世的害河。“走千走万，不如淮河两岸”的“好地方”，也终于变成了“山川枯槁无灵气”、“十年倒有九年荒”的著名贫困区。

频繁的灾难、严峻的现实，迫使当地的一些有识之士和政府大员开始寻求治理淮河、减轻灾害的方策。从清末以迄民国，一系列的“复淮”、“导淮”的建议和主张，应时而生。

1866年冬，苏北山阳绅士丁显最先提出“复淮”主张，建议堵三河，辟清口，浚淮渠，开云梯关尾闾。

1867年夏，在淮扬绅士裴荫森的建议下，两江总督曾国藩在清江浦开设“导淮局”，由淮扬道主持办理治淮事宜。

1870年，马新贻上任两江总督，先是兴工疏浚张福口引河和杨庄以下淤黄河，既而对云梯关以下河身，及成子河、张福口、高良涧一带湖心进行实地测量，拟议“分别缓急，次第筹办”，以复淮水归海之路。

1881 年，江督刘坤一设立“导淮局”，主张开挖张福河、碎石河，引洪泽湖水由吴城七堡汇顺清河，水小时由顺清河入运，水大则由废黄河入海。

1883 年，江督左宗棠会同漕督杨昌浚勘察淮河下游河道，并议订挑浚淮河入海线路，后因左宗棠调任未果。

1887 年，郑州黄河决口，因自己的治黄主张遭到李鸿章反对而辞职回家的张謇，有感于苏北水灾惨状，从此立志导淮。

1906 年，两江总督端方应张謇请求，于清江浦设立导淮局，由张謇任导淮局总参议，其首要任务是从事测量工作，为复淮规划创造条件。

1909 年，张謇等人的治淮提案在江苏咨议局通过，张謇还在清江浦主持设立了江淮水利公司和测量局，1911 年又改组为江淮水利测量局。

1912 年（民国元年），安徽督军柏文蔚提议裁兵导淮，建议将淮水分三路导入江、海，在近代导淮史上第一次提出江海分流的主张。

1913 年，北洋政府在北京成立导淮局，委任张謇为督办。张謇在其发表的《导淮计划宣告书》及《治淮规划概要》中，提出了淮水三分入江、七分入海，淮、沂、泗分治的原则。

1914 年，导淮局改为全国水利局，张謇任总裁，并与美国红十字会签订了借款 3000 万美元的《导淮借款草约》，决定五年内完成江海分疏工程。因第一次世界大战爆发，导淮借款落空。

1915 年，张謇在南京设立河海工程专门学校，用西方先进技术培养中国的水利工程技术人才。

1919 年，张謇又发表了《江淮水利施工计划书》，将江海分流的计划改为淮水七分入江、三分入海。这一改动，比较科学地解决了淮水的出路问题。

1920 年 4 月，北洋政府总统徐世昌，因苏北连年闹灾，任命张謇为苏北运河督办、韩国钧为会办，主持导淮事宜。

至此为止，导淮运动已经有了半个多世纪的历史，作为导淮领袖人物的张謇为此奔走呼号达 20 余年。这数十年的心血自然没有白白地花费掉，因为有关导淮的规划已日渐趋于合理。张謇创办的“河海工程专门学校”也培养出了一批近代水利及土木工程建设的人才；其有关淮河中下游各河道的地形、雨量、水位、流量等测量资料及图表，也为以后各个时期的治淮提供了科学依据。然而，他所主张的导淮计划，却因为时局动荡、政治腐败、经费无着，没有一件得到实施。导淮的建议旋落旋起，淮域的水灾依然故我。其间的滋味只有个中人体会最深：

> 謇为导淮之说二十余年，有信有疑，信者空言赞许，疑者阻遏横生。阻遏之力，军政界多于社会。若江督、淮扬道之诬报测量，皖督之仇拒测量是。民国三四年謇之导淮计划书中即言，淮不导、不治，必有淮、沂、泗并涨，上下皆受非常大灾之一日。今何如耶？天与水准，苟能用之，焉知非福？若犹懵而安之，事过辄已，吾不知患害之所至矣。诸君曷一思智伯水能忘人国之言耶？此究论根本之说也。

当然，张謇并没有退却。后来的军阀政府和国民政府在淮河治理的问题上同样也做了许多文章，但“导淮导淮，愈导愈坏”的民谣，却道出了淮域人民的无奈和辛酸。

八　天降奇祸

——1922 年汕头风暴潮

1922 年 8 月 2 日夜晚从汕头席卷而过的一次风暴潮，在几小时内吞噬了 8 万名无辜的生命，伤残者无以计数。

这就是当地人迄今仍然闻言色变的“八 · 二风灾”。

这也是 20 世纪中国沿海地区生命财产损失最惨重的一次风暴潮。

灭顶之灾

事实上，潮汕人对于风灾并不陌生。这里背山靠海，虽然气候宜人，雨量丰沛，物产富饶，但恰恰是这种自然环境让潮汕人祖祖辈辈都要面临着大海暴君的严峻考验。

每年的4月、5月至11月，来自太平洋的风讯便一个接一个。汕头之因有突出之角与台湾海峡的南口相对，形成一条狭窄的海道，所以更容易受到强台风的袭击。从996年到1908年，有史可查的潮汕大风灾就有243起，平均三四年一起。而台风一来，“一切身家性命、房屋财产、田园稼穑、堤岸帆樯，付之波臣一召”。

潮汕人把台风当作无法预防的“不测之灾”而“莫不心怀战栗”。近代以来，随着对外开埠通商而迅速繁荣起来的汕头并没有推进当地的减灾工程建设。迄至1922年，除了海关配备少许简单的气象测量仪器外，这里居然没有气象台。于是，风灾到来之前的种种征兆，如蛙蛇自杀，厦门海涸，乃至夕阳西斜时天空中诡秘的红云，等等，丝毫也没有引起人们的注意，它们只是新闻记者笔下的奇闻趣事。

8月2日晚8时起，大约一周前在北纬14度、东经138度附近海面出现的台风，越过吕宋海峡，从东北方向向毫无戒备的潮汕地区袭来。台风过境时，中心风力达12级以上。霎时间，狂潮怒号，骤雨倾盆，号称“万国商船楼市”的汕头，顿时弥漫在风声、雨声、潮声之中，其间还夹杂着令人心骇的折木声、崩塌声、号哭声……

半夜时分，登陆台风像往常一样开始向南方回转。此时，风力最猛，潮势愈烈，整个市区恍如鬼蜮。海潮随风侵入，低洼处的积水高达丈余。海面大小船只被风力水势驱赶，似狂牛野马，向北岸的屋宇横冲直撞，早已被海风潮震动得摇摇欲坠的房子因此纷纷倒塌。就连市公安局四区警署，也在风暴的冲击中全部塌陷，25 人当场被压死。自署长以下，除数十人遇救生还外，大都为巨浪卷走。

狂飙怒涛一直肆虐到次日黎明，繁华的汕头市区变成了名副其实的瓦砾场。许多又粗又高的大树被连根拔起，甚至拦腰折断，有的树叶被风刮净，只剩下光秃秃的树干。一具具死尸，背朝天，胸向地，折肉涂脑，满目狼藉。侥幸生还的，或流离失所，呼饥号寒，或者在瓦砾堆中徒然寻找着不知去向的亲人。铺在路面上的，还有数不清的死鱼、死蛇、死蛙、死鸟。

据报道，汕头市一夕之间有 5000 余人人鬼同途，数千人无家可归，财产损失也多达 3000 万元以上，而当时普通人每月的生活费还只是 3 元左右。

渔村劫变

损失最严重的地区还不是汕头市。透过 9 月 6 日

《大公报》刊登的一份遇难人数统计，我们可以对澄海、饶平、潮安、潮阳、揭阳、南澳等沿海各县乡村的灾情有比较清楚的了解：

澄海县属，约死 6 万余人；
饶平县属，约死 6000 人；
潮阳县属，约死 5000 余人；
揭阳县属，约死 1000 余人；
潮安县属，约死 500 人；
普宁县属，约死 100 余人；
南澳县属，约死 200 余人；
惠来县属，约死 100 余人。

在受灾最严重的澄海县，死亡过半的乡村比比皆是，村落民居更是一片废墟。时人记下了这样一组悲惨的数据：

风洲乡，丁口 428 人，淹毙 266 人；
松林村，丁口 246 人，淹毙 182 人；
朱处湖乡，丁口 255 人，淹毙 196 人；
苏南乡，丁口 1609 人，淹毙 791 人；
保安洲乡，丁口 258 人，淹毙 177 人；

石丁乡，丁口200余人，淹毙177人；

上九合乡，丁口1800余人，淹毙1258人；

头充乡，男女千余人，生还者仅百余人……

这些简单的数据所凝结着的，实际上是一幕幕凄惨绝伦的人间悲剧。据传：

当水涌时，有抱持三数小孩逃生，在水中不能支持，将女孩或小者弃去，以省累而图出险者。有妻抱儿于怀，水里浮沉，夫夺儿抛弃，冀妻免与俱溺者。有救护父母老人，不能凫水，子不忍舍去而至同溺者。有儿子多人，手不能尽挟，以口衔其头发，或手掌虽抵高阜，而儿已气绝者。有老年父母恐累其子，自沉希存宗祀者。有灾后见举家皆尽而自裁者。有夫妻以绳系住而偕溺者。

许多地方因伏尸累累，无棺可葬，人们只好在海岸附近挖掘大沙窟，将数百人丛葬其中。

幸存的人们，失去了房屋，失去了亲人，也失去了祖祖辈辈赖以为生的甘蔗果林和田园池塘。那些田地不是被大风摧残殆尽，就是因海潮浸灌、泥沙淤积致使土质水质变咸而失去了生命力。眼见未来生计无着，不少人被迫离乡背井，出洋谋生，此所谓才遭死别，又即生离也。然而，更多的灾民则踯躅于废墟之中，等待救助。

拳拳桑梓情

20 年代的中国，军阀混战，政治腐败，凌驾于芸芸众生之上的官府，已无力承担救灾的责任，潮汕人只有依靠自身的力量奋起自救。

在汕头市，当地商人团体在风灾后的第二天即联系各地潮商，成立“汕头赈灾善后办事处”。名义上是官商合办，实际上无论人力物力，都主要是民间人士一力支撑。澄海县官绅也成立了“澄海救灾善后公所”。该公所一面雇工煮粥，分给灾民充饥，一面派人赶赴潮安请求善堂前来收尸，同时组织临时救伤医院救治伤员。为防止盗贼乘灾行劫，救灾公所还组织更夫巡逻，加强警戒，承担起维持地方秩序的任务。

远在异国他乡的潮商、潮侨，无不将拳拳桑梓情系于受灾同胞。特别是在潮侨分布最广的东南亚各国及港澳地区，各界侨胞集会、通电、募捐、派团，奔走呼号，不遗余力。暹罗（今泰国）同乡会赈灾团、越南赈灾会同乡团、旅港潮汕八邑商会以及国际国内其他的社会团体、慈善团体，如美国红十字会、香港英商会、香港华商总会、香港东华医院、上海中国红十字会总会、上海广仁善堂、广东省躬草堂、中国红十字会南海集暨番禺分会、广东方便医院等，也纷纷前往灾区。有的捐赠巨款，有的赈济米粮，有的分赴各地收掩死尸，有的运购药品施医、赠诊。此外如施衣赠被、筹助耕牛、修堤浚河、捐助贫民工艺院等诸多事宜，也都有条不紊地进行。据统计，在救灾过程中，仅香港东华医院、旅港潮汕八邑商会、香港华商总会、越南赈灾团等四个团体经手的款项，即达60余万元之巨，这还不算大量的米粮、衣被和药品。

相反，自顾不暇的北洋政府，只是以“潮海关进出口货附加一成赈捐”和“关余”的名义，拨出30万元作为救灾费用，其余的就只有“全仗中外慈善家热心捐助”了。事实上，就连这区区30万元也是有名无实的。因为灾后6个月中，汕头赈灾办事处可供分配的赈银共计只有27万元，其中大部分又都是海内外善团善士的捐助。

试想，如果没有广大侨胞和社会各界的踊跃捐助，大灾之后的潮汕人，将会遭遇什么样的困境呢？

九　饿殍1000万

——1928～1930年西北、华北大饥荒

“大兵之后，必有凶年”。当叛变革命的蒋介石战胜北洋余孽，掌握国家最高权力，并在全国实施白色恐怖统治的时候，一场罕见的大灾荒却无情地袭击了这块备受兵燹之祸的土地。这场以旱为主，蝗、风、雪、雹、水、疫并发的巨灾，以陕西、甘肃为中心，遍及山西、绥远（今内蒙古自治区）、河北、察哈尔（今分属河北、内蒙古）、热河（今分属河北、内蒙古、辽宁）、河南等8省，并波及山东、苏北、皖北、湖北、湖南、四川、广西的一部或大部，形成了一个面积广袤的旱荒区。旱情旷日持久，从1928年一直延续到1930年。

一望无际的龟裂土地，毫无生机的残破村镇，无法数计的鸠形鹄面的逃荒人流，大约1000万倒毙在

荒原上的饿殍，意味着南京政权从一开始就陷入了不可自拔的社会危机。

西北“活地狱”

关中原是陕西渭河流域最大的川地之一，也是西北黄土高原最肥沃的地区之一。但是数千年来，由于森林和草原不断遭到破坏，无情的暴雨山洪，在缺少植被的地面上犁出一条条土沟，黄土高原日益支离破碎，千沟万壑，纵横其间，就如同干涸了血液的母体一样丧失了蓬勃生机。多少年来，关中的庄稼已经习惯了“十年九旱”。这里通常是旱在三伏，农民等到秋雨来临，在川地里播下越冬小麦，兼之坡地上收获的青稞、豌豆等杂粮，勉强维持着家的吃用，后代的延绵。

然而，1928 年的干旱来得特别早，延续的时间又特别长。从 3 月到 8 月，没有落过一寸雨水，“夏收只三分”，“野草均枯，赤地千里”。人们被持续的高温和干燥压迫得喘不过气来。渭河干涸，河床裸露。渭河两边的川地、坡地和塘地，到处裂开了寸把宽的坼口。犁铧插进，遍地黄烟。播下去的种子在灼热的土地里烤成了灰末。

无法再耕作的农民一村村地聚结起来祈神求雨，但是干旱的日子却是一个节气接着一个节气地没有尽头，在冬春之交进入了严重时期。第二年的谷雨时分，是夏麦秋作一年之计的关键，一场巨大的风沙、冰雹和黑霜，又袭击了东自朝邑、西至阳武的十几个县。此后的夏秋两季，依然是烈日当空，四野龟坼。西安郊区和咸阳，十之八九的耕地没有播种，秋末收获不足一成。扶风、泾阳一带的秋收只有二成上下。三原县挖地八丈不见水。相传是周先人后稷教民稼穑之地的武功，更是一片焦土，“东望四五十里，全无人烟”。

直到 1929 年与 1930 年之交，关中才一连下了六场大雪，开春之后，又“获甘霖沛降”。这几场雨雪标志着旱期已越过了极限而趋向缓和，但是，灾民已经没有种子，没有牲畜，没有垦荒的力气和等待新谷的时间，致使有地不能耕，灾情愈演愈烈。关中 40 余县，“田野荒芜，十室九空，死亡逃绝，村闾为墟。床有卧尸而未掩，道满饿殍而暴露”，“白昼家家闭户，路少人行，气象阴森，如游墟墓”。

相当于全省面积 1/3 的陕北，所辖 23 县，无县不旱。1928 年全境“点雨未落，寸草不生”。据次年华洋义赈会的报告估计，这一年陕北东部的收成为二成至二成半，西部已经连旱三年，只有一成到一成半的收成。全境75万人口到1929年5月就只剩2/5了。

除旱灾外，陕北还受到蝗灾和罕见的鼠灾的摧残。1930年，陕甘交界到处流窜着难以数计的“五色怪鼠”，“大者如狸，小者如常鼠，猫狗见之皆惊避。斑斓之色，漫山塞野，至人不能下足，越日尽失农作物。再一夜则仓廒尽空”，于是“千里空储，民尽枵腹”。

汉中地区受大巴山和秦岭南北挟持，汉水流经其间。秦岭以南汉江谷地，山清水绿，气候宜人，出产稻米、柑橘，具有南国特色。1928至1929年的一些赈灾报告，称汉中25县是陕西被灾次重的地区。但是到1930年，由于人民对于亢旱的承受力已经超过了限度，灾情也骤然加剧，略阳、沔县、宁羌、留坝、凤县、褒城、镇巴、佛坪及南郑、洋县、城固以北，西乡以东，连年亢旱，颗粒无收。不少地方人烟灭绝，一望荒凉。

三年大旱，陕西荒情，惨绝人寰。

早在1928年冬天，陕西就进入了被当地人称为“年馑”的粮荒时期。在华阴县，麦子每石需洋30余元，油渣每千斤亦需洋40余元，均比平时涨了5倍多；在三原县，每石小麦平日约七八元，1928年涨到27元；1930年，小米的官价达每石30元。在粮荒的冲击下，百物价格直线下跌。灾民们被逼出卖一切可以换取口粮的家产。市集上的毛驴，7元钱买3匹，只相当于2斗多的小米价。乡村农家拆屋卖木料的往往十有六七，整根的房梁、椽木锯成几段，当燃料廉价出售。渭北一带的所有田地，约有20%已经出卖，每地1亩售洋1元，甚至找不到买主。武功田价跌到每亩5角，只相当于2斤半小米的价格。

失去土地和房屋的小农家庭纷纷崩毁了。十六七岁的闺女，自嫁本身，不取财宝，依然无人收容；男女儿童被抛弃的，比比皆是。帮会、人贩子活动异常活跃，妇女儿童被贩出潼关的不计其数。令人惊奇的是，国民党地方当局竟和人贩子们互相勾结，抽人头税。1930年1月9日，陕西籍国民党元老、监察院院长于右任在南京的一次报告中揭露道：

> 两年内由陕卖出之儿女，在风陵渡山西方面，可稽者40余万，陕政府收税外，山西每人5元，收税共200万，此无异陕政府卖之，晋政府买之。

饥肠辘辘的灾民挣扎着寻找一切可吃的代食品。

饥馑来临的第一个冬天，“凡树叶、树皮、草根、棉籽之类，俱将食尽”。次年开春，刚刚破土的野菜，萌生嫩芽的树叶，转眼就被饥民挖光捋净。杨树、柳树、椿树、槐树和榆树，都只剩下了枯枝，裸露着白杆，一丛丛，一片片地覆灭了。有的甚至将干草煮食，或者吞吃观音土。汉中留坝灾民挖吃野菜，结果有 5000 余人中毒而死。

当代食品吃尽，大地一片精赤时，荒原饿殍亦成了口中之食。有时候，“道上有饿毙者甫行仆地，即被人碎割，血肉狼藉，目不忍睹”。许多饥民由吃饿殍发展到骨肉相残。1930 年 7 月 7 日《大公报》刊载了这样一则通讯：

> （饥民）初则偷窃死尸，继则公然脔割，终则以婴儿、妇女的腿臂作腊肉，家居供食品，出外作干粮。各处税局翻检行客，常有人腿包裹其中。严诘之，答曰：本人子女之肢体，若不自食，亦为他人所食。

我们在这里没有详细地引证当年报刊、笔记上登载的各种人吃人的过程和细节。我们不忍心让本书的读者，再产生如我们在整理这些史料时所经历的心灵震颤。然而，这里有必要公布一个并非完整但足以触目惊心的数据：陕西原有人口 1300 万，在三年大荒中，沦为饿殍、死于疫病的，高达 300 多万人，流离失所的 600 多万人，两者相加占全省人口的 70%。1930 年所余灾黎，有乞丐 20 万，患病的 100 万。奇荒巨灾对于社会的大破坏，不是数年、十数年所能恢复的。

甘肃灾情和陕西大体相似。官书和时人谈到西北这场旱荒时，总是陕甘并列。甘肃位处黄土区域的西端，当时全省约有 3000 万亩耕地，由于黄土的覆盖层远比陕西稀薄，耕地的绝大部分是年收一次的旱田，某些高寒地区隔年才能一收。在古代曾经以导水屯田著称的甘肃，曾经号称“金张掖，银武威，秦（天水）十万”，以河西走廊的块块绿洲沟通了丝绸之路的甘肃，在岁月的流逝中，日益沦为大漠、戈壁、秃原和荒沟综错交织的荒芜区域。

1926 ~ 1927 年，甘肃就连续遭到了旱、水、雹、震等灾害的袭击，夏秋无收，饥馑荐至，河西一带灾民多达 30 万，拉开了大旱荒的序幕。1927 年冬天没有一场雨雪，次年由春到夏，又是持续的酷日当空，全省 78 县至少有四成田地未能下种，遭旱荒的有 40 余县，灾民吃油渣、豆渣、苜蓿、棉籽、秕糠、杏叶、地衣、槐豆、草根、树皮、牛筋、雁粪，等等。

当这场大旱延续到1929年夏天时，越冬小麦及青稞、豆类都枯焦了，旱区扩展到65县。饥民在上年还有草根、牛筋充饥，至此千里精赤，野无青草。有的报道说："甘肃情况已将无人迹，察灾者多不敢深入，恐粮绝水尽而不生还。"据兰州内地会的一个传教士说，仅兰州一地，每日饿死的多达300人。在岷县，居民绝食或缺种子的已有80%，每日饿死数千人，"故多以婴儿烹食充饥"，"各县儿童不敢出户"。

1930年春天，甘肃的雨量比较充足，但许多地方又横被他灾。礼县、榆中等县的山洪，漳县、定西、临洮等县的冰雹，武山、甘谷等县的风灾，靖远、皋兰等地的黑霜，永登、永靖、陇西、定西的五色怪鼠，不一而足，再加上兵荒之余，疫病大作，死亡的多达五六十万人。

可悲的是，甘肃延续了数年的大荒，竟是由于人口的锐减而趋向缓解的。甘肃本来就地广人稀，全省不足600万人口，每平方公里平均只有47人。这场大灾中，人口死亡高达250万到300万，即使是灾情最轻的区域，其人口至少亦减去半数以上。内地会传教士安德鲁在1930年的一份报告中，描述了灾况"缓和"与生灵绝灭的联系。从表面上看，甘肃的灾情似较去年“大有改善”，但这种“改善”的原因何在呢？他认为：

因为在甘肃省内我们工作的那一地区，饥饿、疾病、兵燹在过去两年中夺去了大量人口，因此对粮食的需求大为缓和的缘故。

平原荒象

黄河中游自北而南，在黄土高原上深深的峡谷里奔腾流泻，成为陕西和山西的自然分界线。山西的旱情次于陕西，但灾区之广，灾期之长，也为多年所罕见。

该省从1927年冬天以来，大部分地区亢阳不雨，到1929年秋，全省105县，旱区占80%以上，亢旱千里，禾稼尽枯。包括省府太原在内的晋中、晋南40多县，连年失收，粮荒严重。各处麦子，每石由八九元涨至二十元左右。永济等县粮价甚至超过平常数倍，灾民挖食草根，卖妻鬻子，流亡载道；灵石县万余名灾民，因饥饿所迫，告贷无门，不得已前往县府请愿，哀号不已。据统计，山西灾区共86个县，灾民大约有600多万人，比较富庶的晋南24个县，灾民也有80万人之多。

察哈尔从1925年起，就陷入了连年亢旱之中。全省16个县持续荒歉，北部锡林格勒盟等游牧区水草枯萎，牛羊大批死亡。1928年以来，旱情更加严重，全省东西宽三四百里，南北长约千余里的地区，一片荒凉。人民冻馁交迫，死亡枕藉，耕牛畜犬屠宰一空，树根草皮挖食净尽，因投生无路而全家自尽的，数不胜数。饥民人数，1928年各县60万，盟旗30万，第二年激增到230万。仅张家口一地，灾民就有25万，赤贫者竟然用冷水充饥。死亡率约占饥民总数的十分之三四。

位处中原的河南，灾情同陕甘相似，是被时人称为“灾上加灾”的荒情奇重地区。1929年，史沫特莱作为《法兰克福日报》的记者访问中国，她对这里的灾情灾因作了如下描述：

> （河南）是军阀混战、河水泛滥、饥馑连年的重灾区。好几百万农民被赶出他们的家园，土地卖给军阀、官僚、地主以求换升斗粮食，甚至连最原始简陋的农具也拿到市场上出售。儿子去当兵吃粮，妇女去帮人为婢，饥饿所逼，森林砍

光，树皮食尽，童山濯濯，土地荒芜。雨季一来，水土流失，河水暴涨；冬天来了，寒风刮起黄土，到处飞扬。有些城镇的沙丘高过城墙，很快沦为废墟。

这就是民国元年以来河南的社会概貌。在这场大旱荒中，几乎无县无灾。据统计，全省 118 县，在 3 年中每年被灾县份在 106 个到 112 个，灾民累计达 3500 万人，相当于全省人口。灾情最重的地区是豫西 21 个县和豫西南南阳各属。1928 年因旱、蝗、风、雹相继为害，粒米未收。第二年自春至夏滴雨未降，风、蝗肆虐。豫北的原武、阳武（今合为原阳）、封丘、延津、新乡、获嘉、汲县、修武等地，1928 年半年不雨，10 月中旬勉强种下晚麦。1929 年春风沙骤起，高地的麦苗连根拔起，低田沙积数尺，升合未收。北部其他各县也是旱魃为虐，蝗蝻遍野，或冰雹成灾。豫东各属 1927 年以来雨水不足，蝗灾四处蔓延。

以下是从时人编写的《河南各县灾情状况》一书中摘取的片段：

洛阳：1928 年夏麦只两成，秋禾干死。东南两乡略有水田又遭蝗害。1929年干燥多风，麦无一粒。南关赵姓绝粒三日投井死。西关王冯氏冻饿而死。南乡王姓绝粮多日，全家饿死。因饥饿而投井服毒悬梁自尽的，日有所闻。

新安：民初以来凶荒连年。1928年春旱夏雹，地面积雹厚3寸，秋天大旱，蝗蝻蔽日，晚禾净尽。1929年春全县绝粮，报名赴东北屯垦者达数千户。

灵宝：1928年以来连年亢旱，夏麦、秋谷、棉苗全枯，荒山常见婴儿残骸，每日饿死数十人。

陕县：遍地大饥。县西郭姓将饿死的老母用芦席掩埋后，全家15口服毒自尽。又有马姓将7岁幼子、5岁幼女抛进河里，夫妻悬梁自尽。东南头峪镇、宫前镇一带方圆五六十里百余村庄，人烟灭绝。

南阳：灾情最重，延绵数百里，耕牛宰绝，有树无皮，灾民40万，吋有挖吃山上肚胀而死的。

叶县：各村俱食野菜、柳芽，儿童口鼻流血。卖子女的，男2元，女1元。汝坟桥村百余家，逃亡2/5，饿死20多人。

南召：小麦价格是平日的20倍以上，有灾民常常在夜间偷挖新埋尸骸以充饥。

绥远的灾情更加严重。旱荒遍及全省17县和乌兰察布、伊克昭两盟的13旗地。1928年绥西的萨拉齐（今内蒙古土默特右旗）、包头、武川、固阳（今属包头）、大余太（今属乌拉特中旗）一带灾情最重。大余太、东胜两县，数百里人烟断绝。边塞重镇萨拉齐、托克托两地，牛羊骆驼烹食殆尽，饥民吃苜蓿、蒺藜。卤地上的硷葱种子，人吃了面目青肿。灾民挖食鼠洞存粮，导致鼠疫蔓延。边陲的乌、伊两盟，牛羊灭绝，瘟疫肆虐。

1929年秋，旱荒又由绥西转向绥东，归绥（今属呼和浩特市）、集宁、丰镇、凉城的灾情都异常酷烈。全绥人口约250万，灾民190万，占80%。灾民生计山穷水尽，以致“大人食小孩，活人食死尸”，灾情之重，实居华北第一。

可以同上述材料相印证的，是漫游世界的美国记者斯诺写的一段笔记：

我来到了大沙漠以南炙热的城市萨拉齐。在这里，在中国西北，我目击数以千计的儿童死于饥荒。……萨拉齐是内蒙古最富饶的贸易中心之一。但是从1924年起，久旱无雨。今天，饥荒的魔影实际上威胁着中国的1/4的土地。这是一幅令人毛骨悚然的图景，一切生长中的东西，仿佛都被新近爆发的火山灰烬一扫而光。树皮剥落以尽，树木正在枯死。村子里，大多数泥砖房屋已经倒塌。人们把房上的不多几根木料拆下来，胡乱地卖几个钱。

从1929年到1930年，这片炽热的土地，又连续遭到洪水、旱霜和风雪的冷酷摧残。1929年7月28日以后，一连数日的大暴雨，在久旱的污秽土地上激起阵阵腥气。接着，大青山的山洪直泻而下，黄河洪流漫口出岸，省城归绥的城墙一丈接一丈地崩毁了，城里的官署民宅被大水泡塌，交通断绝。全县100多个村庄浸在洪流里，人民死伤数百人。托克托城濒临黄河地带和境内的大小黑河两岸，一片泽国，多数居民无家可归。临河、萨拉齐、凉城、兴和、武川、陶林各县，无不波及。

这次洪水以后，又出现了持续的低温天气。8月25日、26日刚交处暑时节，就有大面积的霜冻。9月初再一次降霜、大风。这一年的冬天恰好特别寒冷，灾民们没有燃料，没有衣被，“拥破羊皮而卧者，比户皆是”，全省冻馁而死的有 15000 余人。第二年由春至夏，天气阴冷，包头镇在 6 月，大雪竟达五六寸深，禾稼冻死。

直到 1930 年秋天，绥远的灾情才有所缓和。但是，无论是农区还是牧区，都已经残破不堪。旱灾造成的一个最突出的后果，是人口结构的严重失调。据绥远红十字会的一份报告说，各县女性流失相当普遍，除了少数妇女是被晋北村镇娶走外，绝大部分遭人口贩子辗转贩卖。统计各县妇女流失人数达 10 万。

1928 ~ 1930 年，河北省同样是水旱交煎，民无宁日。全省 129 县，1928 年被灾 92 县，9378 村；1929 年被灾 117 县，10088 村；1930 年被灾 70 余县，4000 余村。

从 1927 年夏开始，河北即已亢旱，秋天天气异乎寻常，只有微雨，此后大半年不获雨雪。1928 年 5 月下旬，京津地区气温骤然升到 38℃，开近代初夏酷暑新纪录，华北平原笼罩在一团热浪里。全省灾民约有 600 万，最严重的旱区是冀南各县。冀南 31 县，广平颗粒无收，大名等 14 县收成只有一至三成。其中大名 10 万多户，56 万居民，奄奄待毙的占 1/3。许多村庄房屋拆完，幼儿每口卖 2 ~ 3 元。

1929年旱情进一步发展，开春除冀鲁豫交界的东明等数县得雨数寸外，绝大多数县乡滴雨未落，天干地燥。大名一带麦收不获，秋禾未播，河井干涸见底。磁县沿漳河的土地，一片光赤。冀豫边界的彭城镇，井水干涸，居民挑一担水，往返60里。仅据冀南19县重灾区统计，灾民达200万人。

这几年的夏天也有下雨的时候。但是，雨水成活了禾苗，也滋生了蝗蝻。1928年6月的一场大雨后，玉米、谷子已长到尺把高，可是蝗虫漫天飞来，在此后两个多月里，极其顽强地同灾民争食。这一年的8月又降下了早霜，秋高天寒，霜华遍地，而成团的蝗蝻还在半枯的禾稼上蠕动。第二年的蝗灾更加严重，6月、7月间遍及86县。有报道说：飞蝗来时，“蔽日遮天，状如云涌，飞声轰轰，四望无际，遗粪坠地如降雨”，“其落也，沟满壑平，田禾树枝，犹如挂彩”，“每于稻田之间，簇聚如球，谷稗之上，蝗厚寸许，稻黍之类，未及半日，尽成光秆”。老农云：“今岁旱蝗之灾，为数十年所未有。”1930年，又有30余县蝗蝻为患。

从总体上看，这三年河北的灾情，旱荒以冀南最重，水灾以东部、北部为甚。1929年7月18日前后，永定河一带暴雨如注，洪流在南岸良乡金门闸冲开一个三四百米的决口，嗣后又扩大到924米。洪流翻滚，形成约300米宽的河槽，良乡全县尽成泽国。7月23日、28等日又连日大雨，永定河第二段又决30丈，水势威胁北平。8月2日，冀西察南的山洪从滦源、怀来汹涌而下，水没卢沟桥孔，由上游冲来男女尸身50余具。3日、4日大雨不止，从这时到月中，至少又有5次堤岸决口，分别为30多丈到100余丈不等。大水漫卷北平西部、南部的数百个村庄。城里的东西长安街一带水深过膝，交通中断，房屋倒塌7000多间。据统计，全流域灾民不下50万人。

此外，大清河、滹沱河、黄河、南运河也相继决口。截至9月初，河北呈报水灾者共56县。真是处处灾祲，民不聊生。

由于篇幅所限，我们没有涉及当年整个荒区的全貌。如热河，1928年有15县旗春旱夏雹，滦河上游兼被水灾。次年又有10余县多灾并发，饥民百余万。山东先是旱灾蝗灾，继而黄河连续决口，旱水相煎，灾民累计1000万以上。山东旱区扩展到苏北、皖北，连洪泽湖都枯竭了。1928年的湖北，49个县春夏不雨，灾民900万。陕甘的旱区则向南延伸到四川省，被灾100多县，灾情最重的川北和川西北，1931年前连旱四年，五谷绝种，河井枯竭，鸡犬无声，灾民多达

800万人。

旱荒，像暴君一样在中国的大地上游荡，将田野变成荒丘，把生灵化作白骨，使农庄沦为墓墟。

游民、匪患与兵燹

三年大荒中，在破败萧索的村镇边，在尘土飞扬的官道上，到处流动着两种不同的人群：一种是被迫离乡背井外流谋食的灾民，赤身的孩子，褴褛的妇女，男人们背着或挑着破铜烂絮麻袋水桶，无精打采地向前跋涉。另一种是令人色变的股匪——以宗法家长制度和帮派观念维系的，依靠掠夺社会为生的武装集团。他们少则几人、十几人，多则成百上千甚至万把人组合在一起，手持快枪大刀，有的还备有马匹，攻村破寨，绑票勒索，风卷而来，呼啸而去。

流民和土匪，是灾荒、苛政和军阀混战的双生子。千万个平日不弃不离的小农家庭，经不起天灾人祸的袭击而纷纷崩毁，“老弱流落四方，少壮铤而走险”，游离于乡社结构之外的特殊群落由此形成，激起了社会秩序的严重动荡，成为南京政权面临的两个最突出的社会问题。

表面上看来，天灾似乎不分贫富地袭向人间，但是因灾荒而无法维持简单再生产的人，归根到底是经不起风吹雨打的贫苦农民，而在某种意义上讲，天灾却为官僚地主提供了比平日更为有利的土地兼并的机会。所以在大灾之年，由于地价狂跌所引起的兼并浪潮，就比平时更加酷烈。据时人调查，陕西中部的饥馑之后，有7/10的田产集中在军人手里，其余的3/10为官僚、商人所夺。斯诺的通讯也证实了这种以大灾为标志的农村危机："在1930年灾荒中，三天口粮可以买到20英亩（按：折合121.4市亩）的土地。该省有钱阶级利用这个机会购置了大批地产，自耕农人数锐减。"

利用灾荒廉价收买土地的情况，事实上相当普遍。如在甘肃宁定，有一个姓何的土豪，胁迫灾民"勒写卖约以为据，每垧竟以一元或三四元买得"。绥远萨拉齐的大萨林村（译音）村民，在1929到1930年大多把土地卖给了该省的政府官吏。山西则由于土地更为迅速地集中而表现为另一种类型：原籍五台的阎锡山本人就是大地主，由于阎氏家族及依附于他们的一批新权贵们争购地产，致使20至30年代初山西的田价急剧增加。但是，无论哪一种类型，都说明了这场兼并浪潮是惊人的。有权有势的人利用天灾聚集起庞大的地产。据农村复兴委员会披露，30

年代各地失去耕地的农户一般占 20% ~ 50%，个别地方甚至达到了 70%。

大批破产农民就这样从乡社结构中游离出来，颠沛流离，四处逃荒。在甘肃，灾民逃徙远方的不下 100 万人，其中 1928 年的宁定，逃荒人口占该地人口的 19%，环县占 31.30%。河南灾民出关的有 20 多万，安阳东部二、三分区 6500 多户，逃荒 1690 余人，在本地乞讨的 2800 余人。临汝更甚，外逃 96279 人。察哈尔兴和县荒后人烟稀少，以至熟地多半荒芜。绥远固阳 2 万人口逃散十之七八，萨拉齐、托克托外逃五六万人。

有一部分流民逃亡到了地广人稀的东北。经济学家陈翰笙写于 1930 年的论文《难民的东北流亡》，比较系统地考察了东北移民的流亡生活。据南满铁道株式会社调查，1928 年上半年，流入东北的难民为 331928 人，从此时起的 3 年之中，平均每年流入 16 万人以上。他们中的一小部分，是由各城市的赈灾机构移送去“垦荒就食”的。如旅平河南赈灾会、辽宁河南同乡会在华洋义赈会等中外慈善机构的资助下，在洛阳等 10 多个县设立了招待处，灾民经本县登记后分赴各招待处，然后在郑州、洛阳等地乘车，经平汉、陇海、道清、北宁等铁路迁移。移民的生活非常艰苦。所谓招待处，只是一些破败的庙观和营房，除了地上铺些麦秸，别无长物。由于交通阻塞，兵运繁忙，候车的灾民席地露天长期困留在车站附近的空场上，行李被骗走，妇女被拐卖，青壮年被诱去当兵为匪，老弱成批地罹病死亡。好容易挤上火车的灾民将每一节露天车皮塞得满满的。赈灾机关按到达日期发给每人一些杂面馍，沿途缺少衣被，没有燃料，只能喝脏水冷水，很多人得了痢疾。火车经常出于各种原因不能按期到达，灾民只能在陌生的异乡忍饥挨饿。

经历千辛万苦被迁往东北的灾民，在数千万灾民中只是极少数。陕西凤翔县灾民被送养出去的占1.26%。河南（主要是豫北）的移民始于1929年5月1日，先后有43批灾民分赴黑龙江和兴安屯垦区，总数不足4万人。而仅新安、宜阳两县，报名要求迁移的就各有数千家，渑池灾民到县政府领票外出的达4万人。

这样，绝大部分灾民只能四处流浪。有些人长途步行出关；更多的人则是盲目游荡，他们不知道所要奔赴的地方，也是饥馑遍地。关中的流民多渡河逃往山西，据华洋义赈会的一名工作人员说，他在西安和黄河之间，看见有200多个灾民“聚卧一穴，相视待毙”。汉中饥民多向湖北、四川迁移。1930年略阳

40 多村灾民逃向川北，道途死者过半。绥远灾民纷纷逃向甘肃、内蒙古，而其他灾区的饥民又长途跋涉来到了绥远，当他们到达河套一带的东胜等县时，只见南北数百里，人烟断绝，“因无从觅食，多饿死道周”。还有一部分灾民逃荒到了江浙一带。1929 年河南陈留县有七八百难民，在南京、上海、安庆等地望门行乞。同年秋，从山东临沂、郯城和河南扶沟、通许、巩县流落到上海的难民至少有 1882 人。他们被认为有碍“党国观瞻”，因而“在各处所得到的待遇无非是‘准十日内离境’，‘押送出境’，‘资遣回籍’，或‘强制驱逐出境’那一类的逼迫”。

逃荒无路，乞食无门，被逼到了死亡线上的饥民只有大批奔向绿林，铤而走险。三年大荒，是继民初之后又一次股匪高峰时期。

在川陕边界，镇巴匪首王三春乘荒集众，由原来几十人发展到 1930 年千余人马。河南洛宁刀客张寡妇，20 年代初为反抗族权起事复仇，1926 年曾将全部人马交当局收编，到 1929 年又在豫西拉起千余人的杆伙。河北临榆、抚宁、迁安一带清末民初的匪患被平息后，1930 年又骤然啸集多股，每股不下 2000 人。山东蒙山大土匪刘桂棠（刘黑六），1925 年拥众千余，1928 年迅速发展到万人以上。长山县皈一道首马士伟，笼络各县红枪会，拥众数千，1929 年 2 月“自称皇帝，国号黄天”。山西阎锡山一向自诩他统治的地方是没有内战和匪乱的“和平之乡”，但自 1927 至 1928 年间阎奉开战，奉军从雁北溃退后，大同等 17 县兵匪猖獗，“自冬徂夏，焚杀抢掠，庐舍为墟”。据一个土匪说，有枪没有地，只能抢劫，所以“当土匪的人多着啦！”

杂牌军队、帮会势力和失业流民的互相结合，是当时匪患的主要特点。民国以来，割据各地的军阀为了扩展实力，纷纷招匪为兵；而他们在战乱中特别是失败以后，又多变兵为匪。洪帮、青帮、哥老会等帮会，在社会动荡中渗入军队和匪股，日益军阀化、土匪化，成为联结兵、匪的纽带。失去家室土地的灾民，则源源补充到时兵时匪的武装集团中来。国民党元老胡汉民在 1930 年的一次演讲中发出感叹：“目前国内匪患之烈，已经破了民国以来的纪录。”

各地匪伙中有一些是被迫揭竿起事的，他们既是官府的反抗者，又是社会的掠夺者。他们没有明确的目标，游离在正常的社会结构之外，他们对社会的强烈的对立情绪，使他们失去正常的谋生手段，蜕变为不屑于以正常手段谋生的人群。至于绝大部分的积匪、惯匪，则完全以杀人越货、奸淫勒索为唯一能事与精神满足。巨匪刘黑七只有“三不拿”，“二不抢”：不拿碾、磨、尿罐，不抢麻雀、老鼠。典型地反映了惯匪无恶不作的行为方式。到处出没的土匪，给旱区灾民造成了更大的苦难。

特别值得一提的是河南匪患。早在清末民初，河南的绿林刀客四处蜂起，而以豫西和豫西南为甚。此次旱荒一起，豫西土匪再度猖獗起来。各县土匪如毛，大杆攻破县城，小杆焚掠村镇。甚至盘踞城邑作为巢窟，派人四出科敛，树立旗帜，名目各异。西南部的南阳等十余县，昼则烽烟遍地，夜则火光烛天，动辄杀人成千成百。股匪所经之地，往往数十里无人烟，数十村沦为丘墟。匪患也给杆伙的中心区和某些半农半匪的县乡造成悲剧。被看成“匪薮”的鲁山等县，长期同邻境形成了地域冲突，灾民外出逃荒，多遭残杀，只好困守饿乡，坐以待毙。

据统计，这几年旱荒兼遭匪祸的地区，甘肃有47县，陕西22县，绥远14县，河南近60县，河北80县（含兵灾），山西18县。荒原败村，血迹斑斑。

匪患的蔓延很大程度上是军阀混战的结果，而军阀混战本身同样是灾荒形成和扩大的重要根源。

为了“剿共”和排斥异己，南京政府从一开始就把它的经济体系绑在战车上。军队的庞大，兵费的支出，为近代世界所罕见，结果弄得国库“万分支绌”，连蒋介石在军队整编会议上也承认：

我们全年国家的收入，只有四万万五千万元，除每年由关盐两税偿还国债一万万元外，只余三万万五千万，养了二百万大兵，每年就要三万万九千六百余万元，是把全国现有的岁入拿来养我们的兵，还相差甚巨。所以要天天募债，处处加捐，典当俱穷，搜刮净尽。现在总算国已破产，民不聊生了。

蒋介石的这段话，主要是讲给地方实力派听的，并不含有自我反省的因素，所以这一年虽然整掉了一些杂牌军（这些杂牌军又转化为成批的股匪），但在民国十八年度（1929 年 7 月至 1930 年 6 月）的财政支出中，军务费仍占半数，每月兵费 2300 万元。这样一个穷兵黩武的政府，当然没有力量也不会认真去救荒赈灾。1928 年 9 月，国民党中常会拨给北方 7 省灾区赈款仅 14.5 万元，不及每月兵费的一个零头。陕西领到 4.5 万元，500 万灾民人均 9 厘钱！

当时，有一些国民党人也曾为灾民奔走呼吁，如于右任在 1929 年秋天回故土陕西勘灾办赈，他在南京的一些会议上痛哭流涕，为灾民请命，把筹到的一点款项，汇到灾区。但是，少数人士的努力不可能挽回严酷的时局。

从1929到1930年，在“北伐”中暂时统一的国民党四支集团军——蒋介石的第一集团军和冯玉祥、阎锡山、李宗仁这三大地方实力派之间的矛盾骤然激化，从而使本来就微乎其微的赈务也横遭破坏。1929年3月、12月发生两次蒋桂战争，5月、10月又发生两次蒋冯战争，这正是旱荒最严重的时期。冯军20多万，云集关中30多县与灾民争食。士兵挨家挨户搜粮食、拉牲口、征车辆，抢劫一空，“致富者必穷，穷则不逃必死”。南京方面，为切断冯部军饷，甚至扣住浦口赈粮不发，视西北为“国家之弃民弃地”。1930年5月到10月，爆发了蒋介石同冯、阎、李之间的新军阀大战，共投入兵力100万以上，所耗战费2亿元。中原地区是战争的中心，黄河中下游的灾区，成为全国兵差最重的地带。军队所过的村镇，粮食搜刮无余，牲口征索一空。有的农户只好忍痛把耕畜弄残，卖给屠坊换粮。村民们为军队做饭、挑水、劈柴、缝洗，什么农活都做不成。军队搜索“奸细”，搜到了老百姓的鸡笼和箱柜里。青壮年被强迫去挖工事，扛弹药，抬伤兵，以至被强拉入伍。耕地挖作战壕，房屋改成掩体。军队征用的实物差不多有100种，如此压榨，荒情焉得不重？社会焉得不乱？

国民党中委陈铭枢把中原大战比作“差不多和欧战一样的一个阵地战”。河南、山东等战区，遍地烽火，满目疮痍。豫东一带，“战沟纵横，尸骨遍野，秋禾未收，房屋倒塌，十室九空，秋疫流行，满目凄凉”。据统计，洛阳等27县的兵灾损失，竟为该省常年农业产值的1.6倍，计26289万余元。

“风云突变，军阀重开战，洒向人间都是怨”——毛泽东的词，表达了中国人民对于新军阀穷兵黩武残民以逞的一腔悲愤。

这场导致北方旱区灾上加灾的大战，以冯、阎各部的失败而告结束。1930年10月6日，天津《大公报》发表了如下评论：

> 夫国家今日之危甚矣。……数千万人民之救死恤伤，数百万冗兵之供养安插，满目疮痍，到处祸水，除若干大小都会之外，全国数百万方里中，尽是饥民、饿兵、土匪、红枪会，而三万万以上之良农良工，几乎消灭不能自存焉。试追念北伐当时所许于人民者何事？今日人民所享者何物？国本至此，危矣急矣！蔑以复加矣！

这段话反映了中产阶级对南京政权的失望情绪和对国家命运的深重忧虑，也是对人祸加重天灾的一种反思和对时政的抨击。然而“国家今日之危”的状态还是远远超出了人们的估计。

十　长江在咆哮

——1931年江淮大水灾

1931年在20世纪的中国历史上留下了令人难以忘却的创痛。

是年6月到8月，一场百年不遇的特大水灾几乎袭击了整个神州大地，自南到北，珠江泛滥，闽江泛滥，长江泛滥，淮河、黄河泛滥，松花江、嫩江泛滥，到处洪水横流，灾情遍及全国约23省。长江中下游和淮河流域是这场水灾的中心，总面积超过英国全境，或相当于美国纽约、康涅狄格、新泽西三州面积总和的广袤地域，洪涛滚滚，大地陆沉。湘、鄂、赣、浙、皖、苏、鲁、豫等江淮8省642县，约计60%的县5311万居民被灾，16662万亩农田被淹，42万余人葬身浊流，直接经济损失22.84亿银元。另据估算，长江中下游地区有205个县，5089万亩农田化为泽国，被淹房屋180万间，灾民2855万人，淹死14.5万人，直接经济损失13.45亿银元。

正当成千上万的灾民遭洪水围困，啼饥号寒，辗转流徙的时候，关外又传来了“九一八事变”的隆隆炮声，短短4个月内，白山黑水，尽遭日寇蹂躏。

也就是在这一年，于1929年爆发的世界性资本主义经济危机的冲击波东袭而来，全国各地金融动荡，工厂倒闭，物价狂跌，市场萧条，农业衰败。中国社会陷入了内忧外患交织、天灾人祸相煎的困境。

都市巨浸

对于生活在20世纪二三十年代的中国人来说，1931年的确是一个气候极其反常的年份。从这一年的4月份开始，珠江流域的东江、北江和长江流域的湘江、赣江以及钱塘江流域，就早早地进入了汛期，春雨如泼，江水暴涨，灾情迭现。5月份主要雨区开始北移，6月中下旬逐渐稳定在长江中下游及淮河流域，至8月中旬梅雨期结束时为止，持续时间长达一两个月之久，特别是在7月份，大部分地区暴雨连朝，几无晴日，降雨日多在20天以上，比常年多出1倍，降雨量也特别大，比标准雨量多出2倍，局部地区可以高出 3 ~ 4 倍。

大范围、长时期、高强度的异常降雨，使长江中下游干支流河湖单薄的大堤遭受到了前所未有的压力。因为就通常情况来说，长江流域的降雨季节，都是江南先于江北，下游先于上游，于是雨季长江各支流的洪水，得以按时间差序泻入干流。然而在 1931 年，湘赣流域汛期提前，江湖前期水位较高，7 月份梅雨期又比平时延长了半个多月，长江流域降水时间的有序性被打乱了，来自川江的洪流和中下游的江湖洪水遭遇，干流容纳不了从各支流滚滚而来的大水，自湖北石首至江苏南通的干流堤防溃决漫溢竟多达 354 处，不羁的洪流无情地灌向大江南北的都市与乡村，终于酿成了本世纪以来受灾范围最广、灾情最严重的一次大水灾。

有人做过这样的计算，如果洪水期间长江堤防没有发生那么多的决口，洪水全部限制在河槽之内，那么 1931 年汉口水位将达到 30.48 米，比实测最高水位高 2.2 米左右。即便如此，位处九省通衢、号称当时中国第二大都会的汉口市也不能逃脱灭顶之灾，自汉口以下的各大沿江城市同样在劫难逃。

汉口当汉水入江之口，地势极低，明朝洪武年间还是个无人居住的芦苇荒洲，明朝末年始成小镇规模。清代属夏口县，太平天国起义期间，一度遭战火焚毁。至清朝末年张之洞任湖广总督期间，先后修建襄河长堤张公堤和刘家庙的护江堤，将往昔的湖沼地带围了起来，京（平）汉、粤汉、川汉铁路又相继兴筑，这里才逐渐发展成为繁华的闹市。

1931 年的 7 月，这两条保卫着汉口安危的阻水长堤以及铁路路基，终究阻不住江汉合流后的滔天巨浪。7 月 28 日，江水从江汉关一带溢出，滚滚注入滨江一带的街道。7 月 29 日，汉口下游丹水池附近铁道被江水冲溃，张公堤腹背受敌，而铁道外居民在梦中猝闻水声，纷纷从铁路路面夺路而逃。8 月 2 日，单洞门溃决，大水如奔马般冲向市区，汉口全市除地势高的少数地方和防守得力的日本租界外，都被淹没了，市政府一带的居民因来不及逃避，有许多被洪流漫卷而去。8 月 17 日，川水襄水交汇而来，自城陵矶到汉口一片汪洋，只有少数山头孤露水面。8 月 19 日，江汉关水位达到建关以来水标的最高纪录。汉口市背后成了浩瀚的大湖，市内水深数尺到丈余，最深处达 1.5 丈。

当年的记者留下了这样一幅照片：在汉口市繁华的中山路上，浊浪滚滚，漫无边际，高楼、电杆泡在水里，各种船只在通衢大道上往来行驰，“大船若蛙，半浮水面；小船如蚁，漂流四围”——这就是汉口陆沉的真实写照。

几乎与此同时，武昌、汉阳的一些地区也相继被淹。到9月上旬大水逐渐退出，武汉三镇没于水中达一个多月之久。大批民房被水浸塌，到处是瓦砾，电线中断，店厂歇业，百物腾贵。2200多艘船艇在市区游弋。大部分难民露宿在高地、山麓和铁路两旁，或困居在高楼屋顶。白天像火炉似的闷热，积水里漂浮的人畜尸体、污秽垃圾发出阵阵恶臭。入夜全市一片黑暗，蚊蜢鼠蚁，翔集攀缘，与人争地。瘟疫四处蔓延。有记者以玩笑的口吻道出这样一个辛酸的事实，水灾之中得天之幸的，只有人类中的舟子和禽类中喜水的鸭子。

据当局调查，武汉市直接受洪水侵害的共有16.3万余户，受灾人口78万余人。包括灾民、失业的车夫、码头苦力和其他自由职业者在内，约有44万人生计无着。在大水中溺死的也有2500余人，死于瘟疫、饥饿和中暑的，每日则多达上千人。不少人因无衣无食，走投无路，悲极而自杀。直到大水退后的12月份，滞留在武汉的难民仍有17万余人，每日有上百人在严寒中被冻死，还有好几百个难民被当成政治犯处决。这些难民唯一可去的地方，就是到街头上四处飘扬的军旗下登记当兵，充当内战的炮灰。

九江是江西的重镇，也是江西的重灾区。

由于赣江流域在4月份就进入了汛期，抬高了鄱阳湖的水位，到7月间长江暴涨之时，江水无法向湖区分泄，九江附近江面拓宽到30余公里。19日、20日两日，江水漫上路面，全市十分之七八的居民区陷入浊流，大街小巷多用船只来往。8月1日，屏卫九江城乡及安徽宿松、湖北广济、黄梅的皇堤，被江水突破了一个长达40余丈的决口，江水以3丈多的落差，像瀑布一样奔泻而下，九江附郭县乡一半的村庄被淹没，85%的灾民流离失所。

安徽芜湖本是江南的四大米市，可这一年却是作为“甲等灾区”被载入国民政府的灾情登记簿上的。

该市位处长江下游的枢纽地带，又是皖南青弋江的出口，低洼的市区被大片圩堤隔在江河的背后。这一年自春至夏，一直受到淫雨和山洪的袭击，7月以来更是暴雨如注。堤内，内河山洪澎湃直下；堤外，长江巨流汹涌而来，内冲外灌，洪水无处宣泄，径向市区涌入。

当水盛之时，全市举目汪洋，宛然一片大湖。市区内水深高至丈余，共和街、长街、二街、陡门巷等商业区，都浸在好几尺深的水里。最繁华的中山路上，大水越过了中山桥顶，上面可以推舟行船。沿江招商码头和附近民房，只有尺许露出水面。2000多只小船、盆划驰行在市区。许多灾民栖息在房顶上，上有倾盆大雨，下无果腹之粮。全市笼罩在饥饿和瘟疫的魔影里，每天都有人死亡。没有棺木，也没有一片干土来掩埋这些死难者，只能把大批尸骸拴在露出水面的树杈上，任其在凄风苦雨里上下浮沉。因房屋倒塌无家可归的市民，聚集在汽车站铁路一带的高处，草棚布帐绵延几十里。这些地方还滞留着从四乡逃难来的灾民，风餐露宿，等待着不知道什么时候才会有的赈济。育婴堂拒收幼儿，街上到处都可以听到悠长而凄厉的呼叫——“小孩卖了，谁要小孩！”

国民政府首都所在地南京，也处于风雨飘摇之中。

从7月4日到12日，大雨滂沱，电闪雷鸣。长江洪流滚滚而下，江面宽达10公里，浪涛高出陆地一至二尺。钟山上的洪水也直泻玄武湖，湖面高于城内。江湖交汇，一齐灌进市区。全市南北尤其是下关一带遍地都是积水，江湖和秦淮河里的鱼虾纷纷游上了马路。

此后仍大雨不止，至23日、24日，洪水破坏了下关的路面，冲毁了4000余家棚户。从中山码头到挹江门，水深过膝。市中心的国民党中央党部、三牌楼、黄埔路等地，水深及胸。城南秦淮河两岸、大石坝街、夫子庙等处，房倒屋塌。辇毂之下的被灾难民，啼饥号哭，备极凄伤。

江村洪波劫

扑面狂飙怒卷沙，牵衣儿女哭声哗；
伤心莫对旁人说，同是流离八口家。

这位佚名作者的诗句，反映了沿江县乡千百万灾民困苦无告的惨境。

湖北地形低洼，湖泊众多，素称“千湖之省”，全省当时70余县，依靠堤岸保护的就有36县。这一年长江、汉水和东荆河先后溃堤，决口达88处，襄水、漳水、郧水等河流也泛滥成灾。沿江的松滋全县四个区，有两个区完全淹没。监利新堤溃决，全县覆没，30万人逃离家乡。黄冈、浠水、公安全境淹没。黄梅的江堤、民圩无一不破，灾民20万。汉水上游的郧县全县淹没，下游的钟祥、荆门、潜江、天门、沔阳等地，60%～80%的面积被淹。沮水之滨的当阳县遭山洪袭击，全县成灾。郧水流经的云梦县70多垸，被淹的50多垸；孝感的圩堤则一段连着一段地被大水冲毁了。全省有46县956万人被灾，65854人被淹死，淹没农田2360万亩，占全省农田总面积的38%。江汉大地，这个中国最主要的粮棉产区之一，遭到了毁灭性的打击。受灾区域中有48%的人口因失去了为生的土地而被迫出外逃荒。

有芙蓉国美称的湖南，在1931年所经受的种种惊心动魄的劫难，更非笔墨所能形容。

早在4月，湘江上游就出现了异乎寻常的大雨。4月23日长沙出现巨大的洪峰，各码头洪水上岸。5月，湘江下游连续暴雨，雨量超过了400毫米。6月下旬和7月份，洞庭湖水系更是处在白茫茫的一片雨海里，湘、资、沅、酆等河同时暴涨，加上江水倒灌，湖潦四溢，全省尽成泽国。受灾县市66个，受灾人口636万人，淹没农田180万亩，死亡54837人。洞庭湖区滨湖各县几乎全部陆沉，溃决堤垸1600多处，浸没稻田400万亩，生者流离转徙，死者随波漂荡，惨不忍睹。

我们不妨从时人有关湘灾的记载中选取几幅小小的剪影：

汉寿——全县330余垸全部冲毁，50余乡村不见踪迹，一些人烟稠密的集镇屋倒堤塌，人畜漂流，只剩下几株老树在波涛里低昂扶摇。山坳里石岩边，堆积着一层又一层的败墙残壁、人畜浮尸。

澧县——7月上旬大雨连绵，溇、澧诸水并发，至8月11日又遇狂风暴雨，各垸水面纵横二三十里，波涛汹涌，米乡尽成水乡。居民或沿堤露宿，或栖息屋顶，一任雨飘水流。

溆浦——这个湘西山乡在山洪暴发时，地面迸裂，大水从土中冲出数十丈，横决直射，陵谷变异，1万余人猝罹浩劫，仅事后收埋的尸身即多达5000余具。

常德——自5月下旬到8月中旬，暴雨四次，全县62万人口，灾民50余万，3000余人葬身鱼腹。县城被大水包围了两个多月，洪水只低于城头二尺，城内水深没顶，居民在城墙上搭棚居住。

大江东去，从黄梅、九江之间注入安徽。大江南北，阡陌千里，水网密布，是著名的鱼米之乡。但这一年同样在狂暴的风雨中痛苦呻吟。

从7月份开始，皖南山区和江淮下游平原处在暴雨的中心区域，沿江两岸的至德、太湖、望江、怀宁、舒城、庐江、无为、东流、和县、含山、当涂、芜湖、桐城、贵池以及宣城郎溪和八百里黄山中的若干县份，不是山洪暴发，就是河水浸灌。据调查，这些地区的田地淹水最深时平均为10.5尺，屋内4.8

尺，积水时间则长达62天，最长的无为竟为114.7天。绝大部分田园不仅夏收被毁，而且无法秋种。

其中如宣城的金宝圩，它的堤根是用整块的大石砌成的，历经了80多年沧桑，捍卫了几代人的安全，这次也被狂暴的山洪突破了。全县244圩，无一完区。

贵池沿江42处圩堤，节节崩塌，江面和圩田汇成一片汪洋，只有露出水面的树梢和屋顶，标志着这一带曾是人烟辐辏之区。

无为全县940多个大小圩区，也尽皆淹没。膨胀腐烂的尸体漂流堆积，触目惊心。

受灾最惨烈的大概要算是横跨怀宁、安庆、桐城的广济圩了。这座濒临大江、纵横百里的江圩，是全省面积最广阔的圩区。但在经历了30余年的江水拍击后，终于在这一年7月26日的一场暴雨之中溃决。圩内全被淹没，使宽约50余里的地区、30万亩良田一片汪洋，尸骸山积，炊烟断绝。当年一个名叫郑云芳的摄影爱好者拍下了几幅相片，可以让我们跨越历史的隧道，来直接地感受那一场灾难对人类心灵的震撼。

在长江的下游江苏省，仅在这一年的7月，就有6次风暴呼啸着席卷而过，风暴的次数是前十年7月份飓风过境平均次数的5倍。在那些大雨如注的日子里，沿江的农民们尽管顽强地与洪水抗争，不分昼夜地从田里戽水，还忍痛把门板、农具、风车当作堵漏救圩的材料，投进堤防决口，但却无法挽回悲惨的结局。

曾经恬静的太湖，在风暴和大雨的催发下也变得躁动和癫狂起来。平时深绿的湖水此时化作灰黄的浊浪，漫溢出岸，把秋田淹没，将棉株连根拔起。吴县、吴江、无锡、昆山、青浦、武进、宜兴、上海、嘉定、溧阳、金坛、吴兴等县，是太湖灾区的中心。全流域17%的农田被淹，棉粮两项损失了1亿元。水乡灾民，弱者捞取水草充饥，强者铤而走险，就食大户。

江南农村已经被灾荒和饥馑逼到了无法生存的地步。

淮河怨

在20世纪淮河发生过的3次全流域性的大洪水中，1931年（另两次为1921年和1954年）的灾情最为严重。淮河流域的豫皖苏三省100余县受灾，7700万农田被淹，灾民2000余万人，有22万人死于非命。

江、淮并涨，汇成灾难与死亡的世界。

这一年6月下旬至7月底，梅雨锋系长时期笼罩在江淮之间。淮河上游、淮南山区和江苏里下河地区连续出现大强度的暴雨，有的地区暴雨持续期长达10～15天。山洪、暴雨，继起迭至，淮河干流水位持续上涨，并先后在6月底、7月中旬和7月下旬出现三次洪峰。

当时，淮河的河堤低矮残破，时断时续，在强大的洪水压力下节节溃决。从6月下旬到7月中旬，沿淮大堤自河南的信阳到安徽的五河，先后发生64处重大决口，决口长度累计17.2公里。大水灌向低斜的淮北平原，淹没了洪泽湖以上3.2万平方公里的土地，沿淮一线水深达数米以上。直至10月下旬和11月初，积水才缓缓退尽，洪水历时长达四个月之久。

让我们先来看看淮河的上游河南省的水情灾况，可以说，这是当年面积广袤的江淮水灾区域中受灾最重的省份。

从地形上看，河南的西部是重重叠叠的山岭，东、西、北三部则纵横密布着20多条河流。在淮河发源的桐柏山及伏牛山一带，由于人类无休止地樵采，林木稀少，童山濯濯，每逢夏秋雨季，山洪以极快的速度毫无遮拦地倾泻到平原上。这一年的淮域水害，就是首先从这里开始的。

从河南省当局后来编制的各县灾情图表中可以看出，重灾区主要分布在豫中淮河水系的颍河、汝河、洪河流域，豫南汉水支流的唐河、白河流域，豫东的贾鲁河、惠济河流域，以及黄河支流的伊、洛河流域。总计有 84 县 897 万人口、3015 万亩农田遭洪水袭击，8500 余人丧生。临颍、郾城 98% 的耕地被淹，洪水滔滔，一望无涯。灾民风餐露宿，在泥水里寻找腐烂的食物充饥。唐、白河流域的邓县、南阳、新野三县，人口淹毙尤惨，总数高达 32900 余人。洪河和汝河夹持的汝南县，也有 8500 多人死亡。

皖北的灾情则是在 7 月 15 日左右淮河干流出现第二次洪峰时达到高潮的。

当时，蚌埠上下 200 余里淮堤先后漫溢溃决，大水到处，皖北凤阳、阜阳、凤台、淮远、霍邱、寿县、五河等 20 余县，高原平陆，一片汪洋，逾丈之屋，没不见顶。

以花鼓戏闻名的凤阳县，平地水深数尺，84 万亩夏禾付诸东流。52 万人口中，灾民 31 万。县城东北部逼近淮河的临淮关，水深逾丈，2000 余户民居被水冲塌。

凤台是淮北很小的一个县。7 月，堤圩大都被暴雨冲平，全境成为泽国。总人口47.5万余人，灾民达44万，死亡7000多人。几乎无一户幸免。夏季作物损失100%。

6月23日淮水陡涨，数尺高的水头，越堤而下，沿淮数百里尽成泽国。时值深夜，民人酣睡之中不及逃避，霍丘县数万人遭没顶之灾。

五河县地势低洼，7月初旬，山洪暴发，众流汇注，全县堤闸同时崩毁，水深一二丈不等。8月初，又复狂风暴雨，兼旬不息，遍野洪流，猛涨五尺有余，全境巨浪滔天，灾民纷纷麇集即将淹没的县党部，等待救济。

淮干洪水出五河后，径向洪泽湖奔去。大部分湖水又泻入高邮、邵伯等湖，再经里运河注入长江。这时，中运河的山洪，也由杨庄灌进里运河。但受江水顶托，里运河洪水居高不下。

8月25日，里下河地区遭强烈飓风，洪泽、高邮、邵伯三湖湖水激荡，一丈多高的浪头把邵伯镇附近的运河东堤冲开了33个大决口，运河工程江都段工程所长逃之夭夭。大水冲向邵伯镇，淹死了好几千人。从江都沿运河北上，居民房屋大都没于水中，断井残垣，触目皆是。

邵伯镇决堤后，北部的高邮首当其冲。26日凌晨，挡军楼等多处运堤轰然崩塌，大水像海潮一样奔腾而下，城乡全境没于波涛之中。由于祸起仓促，临堤乡村的许多居民没有来得及起床就被洪水卷走了。更多的人在滚滚而来的洪流追逐之下奔跑逃生，慌不择路。

一位记者记录了其中惨绝人寰的一幕：

> 有王某夫妇子女五人，闻决口，同向高处奔避。夫抱七岁之男，妇抱四岁之男，携六龄之女，行甚舒缓，水已大至。夫乃弃七龄之子，而命其妻亦弃子速奔。妻不忍，夫乃夺四龄子而欲弃之，幼子闻言大恸，紧抱父颈。于是当哭成一片之间，共为波臣卷去。捞获尸体，则与幼子仍互抱未释也……

据报道，整个高邮城乡死于大水的不少于9500人。

邵伯、高邮大决口，使里运河以东地区全部陆沉。兴化、东台、泰县、盐城、阜宁、宝应等县，水深丈余，浅者也有七八尺。兴化地势最低，受灾也最酷。四乡数百里内村舍，一夜之间尽皆沉灭，低洼之处，水高于檐。高地和屋脊上挤满了灾民。居民被冲淹死的，坍屋压死的，以及在桌上加凳枯坐屋中绝粮而死的，不计其数，“水面浮尸，多如过江之鲫”。

国民政府水灾救济真相

> 长江的瘫痪就是中国的瘫痪。因为伟大的金沙江是诗人所称的中华之邦的命脉。重灾之后的恢复不是几天的事，也许不是几个月或几年的事。

这是当时正在中国考察的美国著名记者埃德加·斯诺对1931年长江大水灾的严重后果所作的评论。

的确，这场大洪水之所以被看成是有史以来“创纪录的大灾难”，就是因为它淹没的是中国最发达的农业地区，冲击的是当时最富有前途的近代工商金融中心，而且直接威胁着国民政府的政治统治中枢。对于脆弱的国民经济来说，这无疑是一个沉重的打击，对于在腥风血雨中上台不久的国民党政府而言，也是一个不祥的征兆。如何抗击洪流，拯灾救民，是国民政府不可回避的问题。

然而，身兼导淮委员会委员长的国民党最高首脑蒋介石，却自有法宝与奇术去致力于他的剿共内战。

1931年2月到5月，蒋介石委派军政部长何应钦，率兵20万进攻江西中央革命根据地，是为“第二次围剿”，而这时，珠江、湘江、赣江及鄱阳湖正洪涛漫卷，拉开了全国性大水灾的序幕。

6月21日，蒋介石亲临南昌，主持对中央革命根据地的“第三次围剿”，并往返于南城、南丰、广昌等地督战，历时一个半月；长江中下游和淮河流域正是在这一期间遭到了大面积的水灾。

8月17日，蒋介石从南昌飞上海，为宋氏母丧执绋。这一天，汉口全市被淹。五天后，蒋介石在南京官邸接到何应钦从南昌发来的急电，“促请赴赣督剿”，蒋即于当天匆匆返回南昌。著名的《申报》就此发出如下评论：

> 此次宋母之丧，蒋主席不远千里，来沪执绋，哀思未已，复赶赴江西匪区（按：这是对我党革命根据地的诬称），不避溽暑，跋涉奔驰，仁念孝思昭然为万众所共睹。但此次洪水死者暴露，生者待死，亿万之众，同罹浩劫，目前情形之惨重，固不轻于江西之匪祸，未来之隐忧，或更甚于今日之赣匪！吾人更深望蒋主席扩大其仁念与孝思，移其溽暑长征之车骑，一亲往灾情最重之武汉视察，而谋所以救急与善后之道，是则

五千万灾民之幸，亦即我国家我民族前途之福也。

8月28日，蒋介石终于从南昌乘舰抵达汉口，但当时的汉口还浸没在水中，秩序紊乱，瘟疫流行，蒋介石竟不登陆，只在停泊于江面的永绥舰上，听取了乘小轮赶赴而来的武汉各界头面人物有关灾情的汇报。9月1日，蒋介石在汉口发表《呼吁弭乱救灾》的电文，公然宣布“中正惟有一素志，全力剿赤，不计其他”，至于大水灾，那是“天然灾浸，非人力所能抵御”。

从当时的综合国力来看，要抵御如此巨大的自然灾害，确非易事。这年5月5日，蒋介石在南京的国民会议上宣布过如下一组数据：全国铁路只有12350公里，公路51210公里，而且多半是土路。每年造船能力不过1万吨。平均两个县才有一所电局，无线电机除军用外，不过110余台。商用飞机只有20架。号称以农立国的中国，粮食、糖料、棉花年年仰仗进口，1930年这三项入超高达41亿余海关两。但问题在于，无论是北洋政府，还是取而代之的国民政府，都是勇于内战而漠视民生的政府。一个不是人民选择的政府，只能用暴力和战争来延续自己的统治。连年的战争，不仅造成了国家极端落后的经济状态，还把本来就少得可怜的一点抗灾设施也破坏殆尽。有人估算，当年的武汉如果能投入 33 万元资金加固堤防，是可以保全市区的。但湖北当局历年从海关、特税、厘金和田赋中提取的几千万元堤防修筑费，都被蒋介石挪作中原大战的经费了，其余的又被分肥而尽。束手无策的武汉人，只能任由江水肆虐。

当然，国民政府在救灾方面也不是没有作任何努力。曾长期担任国民政府财政顾问的美国人阿瑟·恩·杨格（Arthur N. Young），在其回忆录中认为国民政府对这次异常严重的自然灾害采取“有效的大规模行动”。国民政府在事后的一份有关水灾救济的总结报告中，也列出了诸多政绩：灾区受救济的 269 县，灾民受赈济的 500 万人，农村受贷款的 36 万户，灾民被雇佣参与工赈工程的 280 万人，依靠这些工赈款额而使他们的妻子儿女得以保全性命的估计也有 1000 万人，接受疾病治疗和疫病预防的有 250 万人，修复堤岸 7430 公里、隧道 288 公里以及众多砖石结构的明暗沟渠，完成土方工程 15300 万立方米，“约等于环绕地球赤道筑起的一道两米高两米宽的长墙”。该报告因此声称，他们的救灾工作“使全国人民深刻地认识到一个事实，即国民政府关心民瘼，并且是以维护广大民众的社会福利为职志的，这会使他们更关心、更尊敬这个政府”，云云。

我们大可不必去怀疑上述数字的真实性，但那些附加的评论却给人“王婆卖瓜”之嫌。当那个以宋子文为首的“国民政府水灾救济委员会”于8月14日匆匆面世时，比常年延长了半个多月的江淮梅雨已经悄然北移，大江两岸的广大民众更在汹涌的洪流中苦苦煎熬了两个多月，正所谓“待死之民，仅存一息，呼救之声，不绝于耳”。有人讥之为“只闻楼梯响，不见人下来”，真是最贴切不过了。

国民政府水灾救济委员会是临时成立的最高救济机构，一切都是临时的：

它的成员是临时召集的。虽然在它的最高领导人员中，并不乏老练的政治家和富有救济经验的慈善界领袖，但绝大多数供职人员都是从国民政府各级行政公署和有关机构中借调而来的，人数不多，又无办赈经验，只是在经过简单的突击训练之后，就匆匆赴任，办事效率的低下是可想而知的了。这种情况更使得大批利欲熏心的地方官僚和声名恶劣的豪绅得以混入到救济机构中，为所欲为。偷窃、抢劫、贪污甚嚣尘上，一点点地蚕食着本应发到灾民口中的果腹之资。有人在这年11月发行的《皖灾周报》上，针对安徽当局的此类行为，不无悲愤地写道：真要等到政府许诺的赈粮，灾民们“已经都变成饿殍了！”

它的资金是临时凑集的。如果没有社会各界在一周之内捐出的100余万元款项，这个囊中羞涩的救济机构很可能会中途夭折。后来，国民政府在经过长时间的争论之后终于在9月11日决定，在已经发行了各种公债9亿元的基础上，再追加救灾公债8000万元，先发行3000万元，但动荡的证券市场怎能容纳得下如此巨额的负担。9月18日，日本进攻东三省，公债的发行变成了泡影。9月25日，由美国人杨格牵线，宋子文代表中国政府与美国政府签订了折合国币约3600万元的《救灾美麦借款》，但所有款项必须在1936年年底如数偿清，年息四厘，而且还要优先让美国的轮船来运输这些面粉。为了应付急需，国民政府不得不下令自1931年12月1日起征收10%的关税附加税，一部分专供偿还美国债款，一部分拨作救灾之用。这样，到它结束救济工作的时候，这个委员会总算筹集到了价值6000余万元的款物。从当时的经济水平来衡量，这个数字并不小，只是与灾害造成的巨大经济损失相比，它毕竟是微乎其微了。

这个救灾委员会，人手又过于紧张，资金更是捉襟见肘，所以，它所制定的救济工作总目标不过是“将旧堤修复旧观，培植增固”，以便“寻常水患不致再酿巨灾”。然而大自然并不总是遂人心愿，如此等而下之的工赈目标，很快就被 1935 年及稍后的 1949 年长江中下游地区暴发的两次区域性特大洪水淹没了。

同样，这个委员会所确立的为灾民筹集衣食住房、疗治疾病、借贷种子等任务，也只是在有限的范围内得到有限的实施。只要将上面有关救济绩效的数字，和灾民的实际损失作一个简单的比较，就可一目了然。当年，受国民政府的委托，金陵大学农业经济系对湖南、湖北、江西、苏南、皖南、皖北等省区 131 个县进行了抽样调查，结果发现，灾区各项损失，包括被淹的作物、房屋、牲畜、农具、存谷、燃料、家具、家畜、秣草等，总数达 20 亿元，每户平均损失 457 元，相当于一个普通农家年平均收入的 1.5 倍。而截至 11 月，灾民每家所得到的赈款只有大洋 6 角，也就是说只占各户平均损失的 1.3%。金陵大学调查的初衷原本是为政府的办赈提供依据的，事实上却给后人留下了一份珍贵的资料。

缺衣少食的灾民被迫迁徙流离。金陵大学的调查表明，离村人口约占灾区总人口的 40%。按照这个比例，被调查灾区总人口 2520 多万，逃荒人口至少 1000 多万。他们一部分迁移到家乡附近的圩堤和山坡上，一部分逃到县城、外县或流亡到大都会。外逃的灾民中有 1/3 找到了工作，1/5 沿街乞讨，其余的人下落不明。

也有幸运的，他们聚集在政府举办的灾民收容所里，每天可以领到几碗稀粥，聊以度命。但这些人在经过长期的辗转迁移和风餐露宿之后，身体极度虚弱，秋风起后，一领薄衣又难以抵挡严寒的袭击，加上集中居住，拥挤不堪，卫生条件极差，这里反而成了疫病滋生和传播的大本营。湖北水灾救济会省会办事处在武昌曾设置 7 个收容所，共收容灾民 18184 人。9 月以后因疫病无法控制，每天死亡的人数从十数名、数十名，迅速增加到每天百十数名。武汉通湘门外铁路旁，有不少尸骸无人收埋，“眼见猪拖狗嚼，飞鸟啄食，令人不忍卒睹”。收容所只好成立了一个检埋队，分赴各收容所及各粥厂，收埋暴露的尸骸。从这年 9 月份到次年 4 月 10 日，共检埋灾民尸骸 12718 具，约占收容总数的 70%。江西收容所成立后，共收容灾民 20249 人，不到三个月，就有 2476 人死亡。

收容所，这个容而活之、普度众生的救命殿堂，竟成了灾民最后的归宿，成了收而埋之的殡仪馆，这大概是当局诸公始料未及的吧。

水灾，在旧中国的大地上到处留下了饥馑和死亡。